人生厨房

阿民奶奶的幸福术

【日】桧山民 著
英珂 译

成都时代出版社
CHENGDU TIMES PRESS

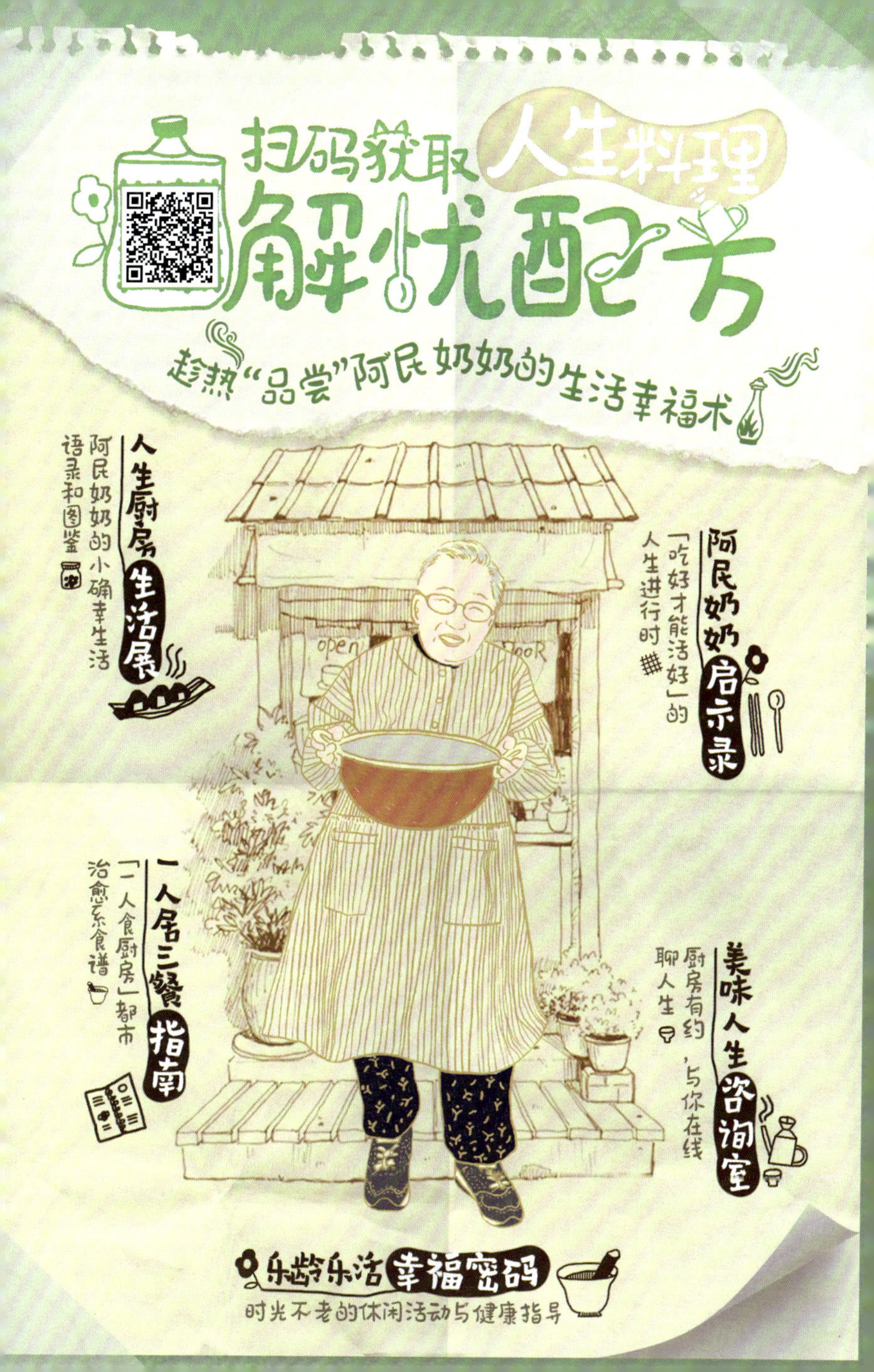

扫码获取
人生料理
解忧配方
趁热“品尝”阿民奶奶的生活幸福术
人生厨房生活展
阿民奶奶的小确幸生活语录和图鉴
阿民奶奶启示录
「吃好才能活好」的人生进行时
open
一人居三餐指南
「一人食厨房」都市治愈系食谱
美味人生咨询室
厨房有约，与你在线聊人生
乐龄乐活幸福密码
时光不老的休闲活动与健康指导

如果你打算上了年纪以后依然可以健硕地生活，
如果你想回到更贴近自然的饮食生活，
如果你想了解厨具和调味料的知识，
如果你想更关注育儿、更贴近家人，
如果你有任何的焦虑或烦恼，
请你打开这本书。

阿民奶奶的"箴言"会直抵你的内心。
它会成为带给你生活动力的守护神。
本书各个章节独立，从哪里开始阅读都可以。

目录 CONCENTS

人生的滋味　张越

序　章　活好吃好

厨房在我人生的正中间　/ 002

我的来路和去途　/ 004
　　从年幼开始我就热爱厨房
　　走上料理之路，遇见我的老师江上富先生
　　探究，去世界各地探访食物
　　转机，从西洋料理转向日本的家庭料理
　　送恩，给下一个世代

弟子们的话：把人生的护身符放在厨房　/ 013

第一章　活得大气

早睡早起，与太阳同步　/ 020
　　平常的一天
　　怎么度过每一天

养成不要让身体受凉的习惯　/ 025
　　用刷子给身体做干布按摩，促进血液流通
　　能"救命"的梅干

养命的饮食 / 031

  大米和蔬菜丰富的"一谷多菜"餐

  冬日里的三顿饭

  大人只吃六分饱

  80 岁以后要好好对待自己的脚

怀着感恩的心生活 / 040

  不扔东西的幸福

  牢记水的重要性

  即使在都市也要亲近土地

不给自己制造衰老的机会 / 048
  时刻充满好奇心
  大方地社交
  每月的同学午餐会

把信心作为护身符 / 055
  不优柔寡断
  选择用钱买不到的东西

第二章　聪明起来

给身体提供应季的食物 / 064
  为什么应季的食材对身体好
  与山川湖海和土地相会

每日的菜肴要顺应气候和自己的身体 / 068
  气压低的时候吃什么？

培养思考和选择的能力 / 072
  在旅途中训练眼睛和味觉
  在外面看到的文化
  成为学以致用的人

了解了食材的品性再下手 / 079
  如何使用不太熟悉的食材

厨房工作第一步，"锅炊饭"和"吊高汤" / 083
  土锅炊饭
  只要有高汤
  高汤的吊法

第三章　活得健康

没有比手更好的工具 / 092
  用五感去使用"火"
  因过度方便而失去的"气"

用得自在的工具 / 098

  最基本的菜刀和砧板

  最基本的锅

  想炫耀一下的日本厨具

常备的天然调料 / 117

  盐 / 酱油 / 味噌 / 糖 / 油 / 醋 / 赤酒和味淋

高效率地使用厨房 / 123

　　养成良好的工作习惯

　　冰箱的整理和夹子的活用

第四章　成为和蔼可亲的人

家庭料理是"买不来的味道" / 128

　　自家的饭菜永远是"买不来的味道"

　　创造属于自己的"好吃"

　　有备无患对于日常忙碌的人很重要

　　不要把"花时间"变成义务

育人的料理 / 138

　　来自厨房的人生咨询室

用食物串起来的牵绊 / 147

　　"散寿司"是日本料理中最大的"奢侈"

　　不用过度努力的厨房

　　饭团好吃的秘诀

以健康的心态站在厨房

阿民厨塾最重视的料理的基本守则 / 157

给生命带来喜悦的爱之菜谱 / 159
　　芝麻拌菠菜 / 醋拌章鱼黄瓜 / 大蒜汤 / 蛋黄酱 /
　　竹荚鱼冷汤 / 小鱼干果 / 什锦沙拉 / 白和豆腐 /
　　千草烧 / 脆脆的天妇罗 / 厚扬三味煮 / 红烧白身鱼 /
　　猪肉苹果卷 / 盛宴"散寿司"

后　　记 / 193

译者后记 / 195

人生的滋味　张越

来看看本书作者桧山民的经历吧：

她 25 岁结婚，生下一对双胞胎儿子，31 岁时丈夫突然病逝，她只能带着两个儿子暂住在哥哥家，并借用哥哥家的一间屋子开办"料理教室"，就是教人做家常菜的小烹饪班，其后多次搬迁。至今，她的料理教室已经办了 60 年，而她已经 90 多岁了。她的学生们长期追随她，有的跟她学习超过 50 年。我不认为她会做的菜多到 60 年教不完，我也不认为谁需要学那么多种菜。所以，半个世纪的追随，必然还有别的原因。

有些大牌心理医生会得到病人的毕生追随。比如弗洛伊德，他的一些病人年轻时找他做过咨询之后，就离不开他了，要定期咨询一直到老……应该早就不是为了治病，而是跟他交谈过后，能得到内心的平静、力量和安全感。桧山民老师的学生对她的追随应该也是类似原因，在这间烹饪教室里，他们不仅得到食物的滋养，还得到了精神的滋养，所以她们把这里称为"人生私塾"。

我主持女性节目《半边天》超过15年，我们概括自己节目的核心使命叫"推进性别平等"。但我发现"性别平等"问题，常常被简单化为"女权问题"，而"女权问题"近两年又被情绪化为"性别对立"和"性别争执"，相关的任何一个小小的社会事件，都可能会在互联网上演变成一场让人看不下去的吵骂。大家习惯于给别人贴标签，做论断。

我始终认为：人是太多种逻辑交互作用的结果，我们面对的每一个问题都不是"一个"问题，它可能同时是性别的、阶级的、心理的、哲学的、信仰的、历史的问题。人是如此之复杂，看清一个人是如此之难，更别提判断一个人，那几乎是不可能的。

就拿本书作者桧山民老师来说，她做了一辈子饭，她不断地教育自己周围的女性：女人来到这个世界上，要学的最重要的功课，就是"温柔"，用"温柔"照顾好自己的家人。在回答学员们提出的关于子女教育、职场关系等所有问题时，她所采用的都是同一个思路：

给他做个拌菠菜吧，这样能降火气。

给他做个小鱼花生吧，能当零食又有营养。

多做一点吃的放进便当盒吧，分给同事或者孩子的同学。

这样看上去，这位女士十分保守，不堪为现代女性的榜样，但她凭自己一双手自食其力并养大两个儿子，不仅教会别人做饭，还教他们用爱守护亲人；教他们爱自然、珍惜环境、感恩土地里生长的一切；教他们对生命孕育生长的过程满怀喜悦……她的温柔不是建立在软弱的基础上，而是充满了内在的力量。为了给她提供最干净、健康的食材，她的两个儿子长大后都选择从事农业工作。用自己一生的职业选择来为母亲的职业提供支持和辅助,这是儿子们在无形中表达的对母亲最大的认可和尊敬,是为人父母太值得骄傲的事!

难道她不是一个最现代的女性吗?其实概念并不重要,在不断变化的世界里,总有一些恒久不变的品质值得珍惜,比如勤劳善良、脚踏实地、宽容诚恳、富于创造……不管男人还是女人。

本书译者英珂女士,原是一位电视工作者,二十多年前我们一起工作,她当编导,我当主持人。由于拍摄纪录片的缘故,她对手艺产生了兴趣,转向研究日本传统的造纸、竹编等项目,并将盐野米松的《留住手艺》译介到中国,对中国的传统手艺热,产生了一定的推动作用。其后,她又对传统酿酒产生兴趣,并在北京三里屯开设了一间小小的介绍日本各地传统手工酿造的清酒的清酒吧。现在,她又翻译桧山民老师的书,是要转向研究味噌酱了吗?

六十年专注一件事的作者,和不断进行新尝试的译

者，都是有趣的女性！她们爱生活并且身体力行，还擅长将这种爱分享给更多的人。愿更多的朋友拥有这样的 而有力，脚踏实地而志存高 乐趣……不管你是做饭还是

身土不二

序章

活好吃好

要想活得好　首先要吃好

厨房在我人生的正中间

无论是在还用灶台煮饭的大正时期的娘家，忙于育儿和工作的昭和年代的商人之家，还是我一个人生活的平成年代的公寓，厨房一直都是我生活的中心。如今已经92岁的我，生活在九州的博多，教授料理已近60年。虽然大家都称我是"料理专家"，但是我自认为自己只是一个"热爱厨房的馋猫"而已。在教授料理上，我得到大家的肯定："真好吃，真好吃""似乎我也能试着做了"，听到这些话我就很开心了，就还想继续教大家。就这样，通过教授料理的机会，我跟很多的有缘之人叨唠过不少关于"如何在你的日常生活中用心来做家庭料理"的话题。

要想活得好,首先要吃好。食物绝不仅仅是"生活的一部分",每一天的每一顿饭都是维系自己和家人的"连接生命的营生"。这本书里我跟大家分享的都是我在漫长人生中获得的经验和智慧,以及我在厨房里跟大家叨唠的话。如果它能对你的生活有一点点的帮助,我就很开心了。

● 本文写于 2017 年,中文版图书首次出版时,作者阿民奶奶已 97 岁。

我的来路和去途

从年幼开始我就热爱厨房

大正十五年（公元 1926 年）是大正时期的末尾和昭和时期开端的年份，我作为家里 11 个孩子中的第 10 个出生了。父亲是医生，医院就在自家的院子里。每天的餐桌上，一起吃饭的有家人、佣人和帮工们，加起来有二三十人之多。我就是在这样的家庭环境中长大的。

从小我就是一个好吃的馋猫。画画、养植物，凡是跟动手有关的我都喜欢，但我更喜欢厨房的小角落。我最早做的"料理"是在一个杯子里放一块黄油、加上一小勺糖，用开水冲开，称之为"热黄油茶"。

走上料理之路,遇见我的老师江上富先生

从博多的女校毕业后,17岁那年在母亲的引导下,我结识了江上富先生,成为了她的门徒。当时,精通西洋料理的江上先生在日本是先锋般的存在。因为家人的关系从东京搬到九州居住的江上先生,在福冈开了料理教室,轰动了整个九州,前来报名的人异常踊跃。有一天先生对我说"你去刨一下鲣鱼花吧",我别提多高兴了。

● 幼年时期的桧山民

从战前到战后,我一直跟随了江上先生 38 年,先生回到东京以后,我也一直往返于博多与东京。先生对于礼仪方面的要求特别的严格,也因此,我收获了很多的东西。先生对于一流的东西从不妥协,穷其究竟,是要把那个时代的"最真的"东西以及她的智慧从不吝啬、毫无保留地传授给大家。

- 江上富,1899 年出生于熊本县,毕业于巴黎的 Le Cordon Bleu(法国蓝带厨艺学校),精通西洋料理,日本先锋"料理研究家",同时也是日本电视料理节目的启蒙者之一。她开设了"江上料理学院",致力于家庭料理的普及。

探究,去世界各地探访食物

昭和三十九年(1964年),38岁的我跟随江上先生,开始了探访世界各地食物之旅。当时去海外的人,要么是去留学的,要么是去工作的。作为一个女子,到国外旅行长达半年,简直就像做梦一样。我们用了四五个月的时间,走访了法国、比利时、德国、奥地利、芬兰、丹麦、瑞典、荷兰、摩洛哥、埃及、肯尼亚、尼日利亚、埃塞俄比亚、南非和黎巴嫩。从那以后,一直到我80岁的后期,我都一直在探访食物的冒险旅途中。

转机,从西洋料理转向日本的家庭料理

在江上先生那里学了和、洋、中式的料理以后,我开始当老师,教的是当时人气最旺的西洋料理。教授了两年洋果子(蛋糕类的西式点心)以后就停掉了,因为虽然跟学生说"每天只能吃一个手指头那么大的甜点",可是一做起来,好吃,就控制不住了,所以学生们越来越胖,索性把这个课程停掉了,总不能把别人的身体吃坏啊。

那时候，我注意到黄油的含水量一下子增加了很多。大阪举办世博会的二十世纪七十年代，正是日本战后经济高速发展的时期，食物的生产量大大地提升，但日本食材中的"真"却一下子减少了很多。与此同时，周围不少从事料理工作的同行都纷纷病倒了。原本做的就是跟"支撑生命"有关的料理工作，怎么会这样？于是，我开始深刻思考"以料理为生计的人不能生病"的问题。我们前往世界各地进行关于食物的旅行，最直接的感受就是"养育了自己的从土地里生长出来的食物"是何等重要。

31 岁时，我丈夫离世。之后，我开始在自己家里开设料理课堂。46 岁时，我把之前一直教授的法式料理课程全部停掉，都换成了教授能让身心都得到滋养的"传统日本家庭料理"。虽然学生一下子减少了不少，但是，我坚信作为女性和母亲，为家人的健康和成长而制作的"家庭料理"，才是我发自内心想要传授的料理之道。

送恩，给下一个世代

日语中有"送恩"这个词语，意在"把从别人那里接受到的恩惠，再移交给下一个世代的孩子们"。人的生命就是靠着这样的"送恩"，脉脉地传递着。我们的人生都是靠着智慧和教训连接起来的，相依相靠。在我这一代忘了嘱咐孩子们的话，应该在下一个世代正确地嘱咐给他们。但是如果我自己已经老态龙钟的话，没人会愿意听我说话，所以，我要通过每天做家务来保持身体的健康，也让生活充实。

● 食器架上摆放的都是阿民奶奶在世界各地探访时购买的器皿

● 在世界各地探访时购买的铜锅和调味料

弟子们的话：把人生的护身符放在厨房

我们这些学生在私底下有一个默契，就是把阿民先生的料理教室称为"人生私塾"。学生从二十几岁到七十几岁的都有。其中有不少学生已经在先生的教室学习了四五十年。阿民先生的教室之所以能吸引这么多不同世代的人，大家应该都是想在先生身边更多地感受她的"活法"吧。尊重食物的心态、挑选东西的方法、育儿、社交、上了年纪以后的生活方式……我们所学的，不仅是她对于料理的丰富见识，还有阿民先生在日常生活中无时无刻不在体现的她的智慧和心念。大家都很庆幸能接触和学习到她的这种"感性"，所以把来教室学习当成是来充电和调整心态的。

　　学习料理的过程，其实用的是大脑、身体和五感。在教室上课的时候，阿民先生从来不发菜谱，我们看到她做菜时麻利地调味，就马不停蹄地赶紧记录下来，有时候背对着我们的阿民先生会突然说："诶呀，今天菜板的声音不一样啊，是切法不同了吧？"即使手拿着切菜刀，只要心不在焉，先生马上就能看出来："哎呀，今天根本没在做菜状态呀。"于是我们马上纠正思绪和姿势。虽然是被阿民先生训斥了，但是反倒很喜悦，其中蕴含更多的是"真"的温暖。这份"真"是无论时代如何变化，只要活在世上，就不会改变的人生"道理"。在信息和物质都多到无边的当下，这个"道理"正是我们心之依托，让人的内心变得更加强大。

　　如果厨房变成了内心所依托的地方，那么，食物发生变化后，生活的态度也会发生变化，整个人生都会更加丰富和香甜。这是很多"人生私塾"学生的切身感受。

　　我们希望通过这本书的出版，可以把阿民先生的"人生术"传递给下一个世代的子辈和孙辈。虽然都是很质朴的语言,但这是根植于我们的内心,支撑我们人生的哲言。这本书就是汇聚了很多哲言的书。为了更好地创造幸福的厨房,过好属于自己的人生,这本书必定会成为我们的座右铭和护身符。

喜欢的东西

早晨的朝阳。时令的食物。比宝石还要珍贵的老梅干。比起名牌包包更喜欢能做出美味食物的锅具。喜欢草、花和书。喜欢整理和收拾。每天的日子都想不浪费地好好过。

讨厌的东西

抱怨和谎言。贬低别人的言语。不珍惜东西的人。害怕黑暗所以早早就睡觉。任何需要晚上出门的邀请,我都会拒绝。

人生最大的惊讶

丈夫那么早离世。我25岁结婚,才一起生活了六年,31岁就失去了丈夫,两个孩子都还没上小学。我靠着教授料理自食其力,奋力地工作。人生不可预测,因此要好好地活在当下,朝前迈进。

信 念

要活得大气,不要优柔寡断。把自己想象成是像鸟和草木花朵一样自然界中的一份子,活在自然中。让祈祷赋予做料理的双手以能量,这是我从小就有的信念。

第一章

活得大气

我的生活习惯和身心的养生

早睡早起,与太阳同步

我喜欢朝阳,从跟朝阳打招呼开始我的每一天。每天大概四点起床,因为太期待早晨的到来,所以我往往很早就醒了。起床后打开客厅的窗户,慢慢地做深呼吸。在等待天大亮的期间,望望残月和点点星辰,在心里默默地念叨:"今天的天气会怎么样呢?"从前渔民们看到松树上浮着云彩,就知道今天会有风暴,他们是有观察天气的能力的。我也会在看报纸的预告之前,先用自己的"天线"预测一番。

我住在街中心的公寓里。当初挑选这个公寓的时候主要看中的就是它采光好，能看到远处的山，有眺望天空的感觉。算起来我已经一个人在这里住了40年了。周围建了不少高楼，"我的天空"也被挡住了不少。

尽管如此，每天当太阳跃然升起的一瞬间，我还是会激动不已。东方的天空开始一点点地泛白，太阳的光照遍世间的每个角落。真是感恩这美丽的情景啊！每当这时我就会双手合十地仰拜一下。"早安！太阳。今天也请多多关照啊。"沐浴着太阳的光，让自己接受来自她的活力。这是我多年来每天早晨重要的日课。

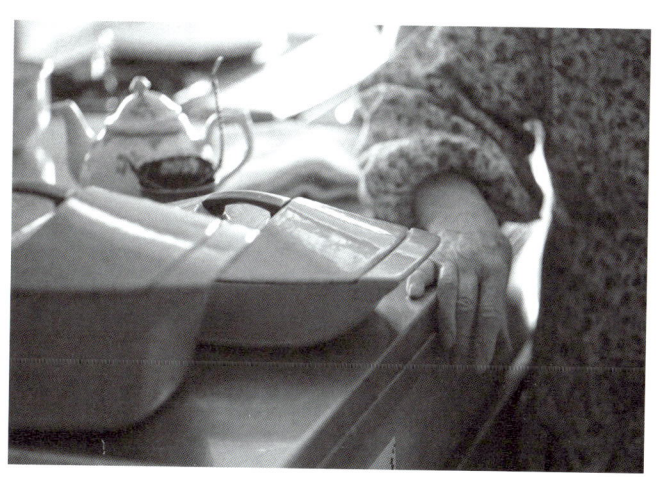

早晨的阳光真厉害，它会激活植物的荷尔蒙，让蔬菜和花花草草们吸收的营养在白天萦绕在它们的身体里。早晨采摘的蔬菜都是水嫩嫩的。我们人也是一样，会吸收来自太阳的养分。早晨沐浴了日光，身体会吸收很鲜亮的气，整个人都会变得元气满满。

同样是阳光，傍晚黄昏的阳光就带给人萧瑟的感觉了。这样说来就想起我母亲曾经告诉过我的，把开花的植物种在夕阳能照到的地方，即使第一年开花了，第二年也一定不会开了。这大概就是因为太阳光的性质不同吧。

朝阳给了我力量，所以白天精力充沛地工作，当太阳一下山，天黑了也就该睡觉了。即使住在城市，也要遵循自然法则，过跟着太阳转的生活，大概就是我保持健康的秘诀吧。

要想获得崭新的每一天，就请珍视每天的朝阳吧。

平常的一天

一周里大半的时间我都在家里的厨房教大家做菜。即便没有料理课堂,也几乎每天都有人来访。一起聊天、喝茶,一起做饭、吃饭。我会跟来访的人度过快乐的一天。如果没有什么安排的话,就整理整理东西,或者摆弄摆弄植物、写写信。有时候我也会跟学生结伴一起去博多的柳桥联合市场买东西。呆坐着看电视多无聊啊,不管怎样,只有干点什么才符合我的性格。

每天临睡觉前必须做的事,就是把昆布和小鱼干用水发起来,为第二天吊汤做准备,同时再确认一下冰箱里的食材,这是我为活到第二天而做的准备,绝不会欠缺。

怎么度过每一天

4 点多	起床、跟太阳打招呼
	一边听广播一边进行干布按摩
	更衣
	打扫卫生、洗衣服、收拾家里
7 点左右	准备早饭、吃早饭、看报纸
10 点~20 点	每周三、四有料理课堂
	教室的准备、收拾,摆弄绿植
	午饭和晚饭跟学生们一起
	没有教学时跟来访的人一起做饭吃饭
22 点左右	为第二天要做的料理做好基础准备
	就寝

养成不要让身体受凉的习惯

经常有人问我是如何保持健康的。我既不吃高价的保健食品，也没有什么健康的秘诀。早睡早起，吃"让身体欢喜"的应季食物，什么事都不往心里去，所以我也没有什么烦恼。如果一定要在日常生活中选出一个我长期注意的事情的话，那就是我从年轻时开始一直避免让自己的身体受凉。

每天早晨起床后，先喝半杯常温的水。日常喝的茶是热的，即使是盛夏季节也从不喝冷的饮料。考虑食物的温热搭配着食用。让身体受凉的水果傍晚以后就不再碰了。

自己的身体是不是受凉了，一量体温就知道了。大家都知道自己的平均体温吗？一个健康人的体温是36.5℃，如果低于36℃就属于低体温的人。跟学生们一起做菜的时候，她们摸了我的手都会吃惊地说："哇，老师的手好暖和啊！"

这样说的往往是年轻姑娘，她们的手指尖都冰凉冰凉的，我也很吃惊。

"受凉是万病的源头。"身体的状况不好，会导致情绪不安。抑郁症等心病也跟身体受凉有关，必须重视。

用刷子给身体做干布按摩，促进血液流通

我讨厌人工的冷风，所以夏天也从来都不开空调。不仅如此，在晴朗的冬天我还会整天打开窗户透气呢。冷热都不怕是每天用刷子按摩身体的功劳。我哥哥是个

- 皮肤粗糙、肩痛、颈痛以及月经不调等现代病都与"体寒"有关。肠胃寒凉也会导致免疫力降低。

大夫,我曾听到他跟别的病人说:"血液循环好了就能预防疾病。"我觉得有道理,就从40岁开始照着做了,一晃也坚持50年了。沿着手脚尖,朝着心脏的方向,像

洗牛蒡那样"唰唰唰"地快速地刷身体。刷子比自己的手稍大一点,带绳子,刷起来一点都不会疼,很舒服。全身刷上20分钟左右,就会感到身体从内往外地热起来。不用花一分钱,也没有运动那么累。这是我认为最适合我的运动。

能"救命"的梅干

每天早晨在我喝的粗茶里,我都会放一个梅干。别看我已经90岁了,血压正常,肠胃也很结实。早晨的一颗梅干是我的健康守护药。在我们博多,从前就有这样的说法:"早晨的梅子是救命草。"

梅子能让血液变得不那么黏稠,有杀菌和解毒的功效,还能调理身体。特

● 梅干是日本人常食用的一种腌制的梅子。

别是貌似要感冒的时候，赶紧吃一颗老的梅干，经年熟成的老梅干才是疗效显著呢。时间很久的梅干，肉都变得干巴巴的了，也不要扔。感冒初期的时候，把老梅干放在火上烤一烤，然后放入热的粗茶中趁热喝，身体会从内往外地热起来，出了汗，感冒也很快就会好了。这个也是很好的降温药呢。烤过的梅干还对治疗咳嗽和嗓子疼有很好的效果。

- 梅干一经加热会释放出能促进血液循环的有效成分（Mumefural），会让身体变得暖和起来。

干布按摩身体和早晨的梅干
都是"救命药"
能每天坚持
是因为自己的身体需要

养命的饮食

我天生就体弱多病,很小就患过肝病和风湿病。如果父母知道我能活这么久一定很吃惊。之所以能变得这么健康,是因为知道自己"体弱多病",更注重养生,才有了今天。

上小学的时候,因为身体原因我需要休学疗养。我还很欢喜地想,不用上学可以在家看喜欢的书,可是大夫说不能看书只能躺着安养。躺着安养的日子持续了将近一年,实在太难受了,我再也不想过那样的日子了。如果自己的身体还没坏到那个地步,就尽早着手,好好听取身体的呼声,吃对它有好处的食物,好好地对待它,重视每一天对它的滋养。

这样做的结果,就是我从女校毕业以后就开始远离疾病了。身体也变得越来越强壮。55岁以后就几乎很少给医生添麻烦了。

大米和蔬菜丰富的"一谷多菜"餐

那么我平常都吃些什么呢?我把最近的菜谱写出来了。除了以谷物为主食,汤、菜里边都会有很多的蔬菜,即"一谷多菜"。

冬日里的三顿饭

早饭　米饭、味噌汤、炖根菜、小银鱼、纳豆、海苔、桔子等应季水果

午饭　米饭、味噌汤、烤山药泥、白萝卜和胡萝卜的沙拉

晚饭　米饭、豆腐火锅、酱油煮的小鱼和昆布

夏天的早晨有时我会吃放了很多"药味"的素面或者冷汁（P168）。秋冬的早晨也会吃现烤出来的热乎乎的红薯。如果有我喜欢的花生酱面包的话，就配着我自己做的果酱，沏一杯红茶，也是一顿早饭。我吃肉很少，吃鱼很多。不吃牛肉和任何乳制品。

我喜欢面条，也喜欢面包。但是每天都吃不腻的还是米饭。谷物是我们人类的基本食物，也最适合我们农耕民族。

用土锅焖出来的香喷喷的米饭，再配上味噌汤、海苔和梅干，就什么都不需要了。我喜欢吃七分米，细嚼慢咽，当然还要吃很多应季的蔬菜来调理自己的身体。

活到90岁，明白了"好吃的东西有一点就够"的道理。日常的餐食越普通越好。

- 这里所谓的"药味"是指香葱、芥末、蒿头等带有药效的菜。

- 在日本，大米依据加工过程的不同，分成：糙米、三分精米、五分精米、七分精米、白米。

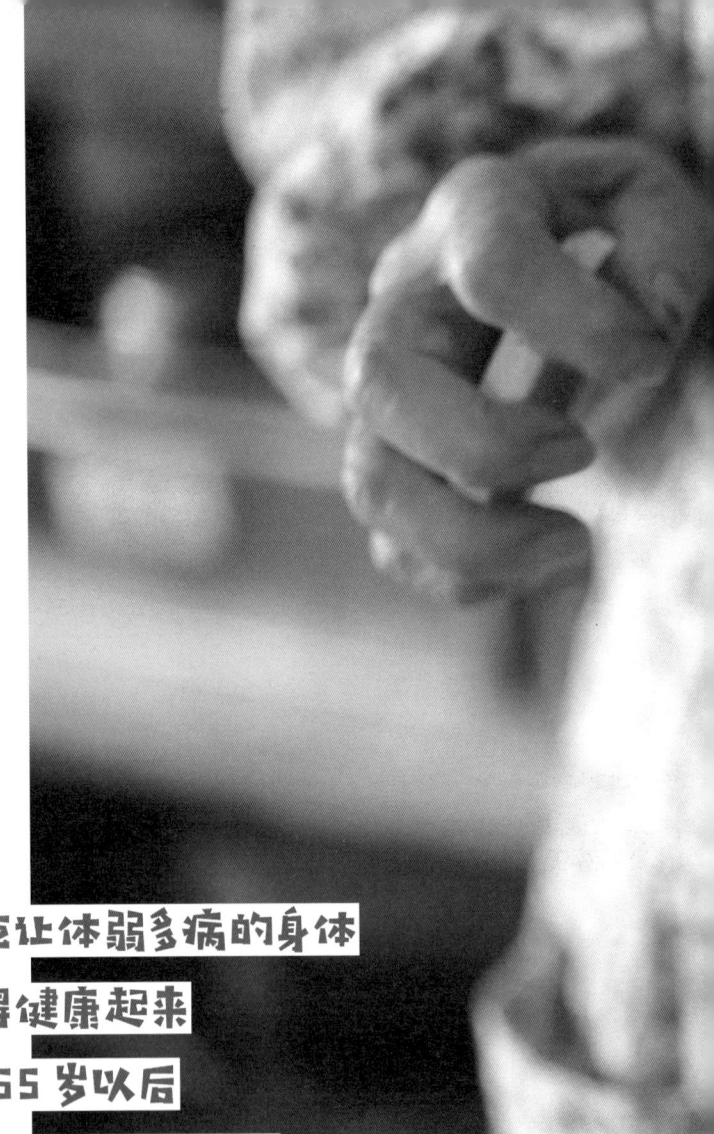

靠吃让体弱多病的身体
变得健康起来
我55岁以后
除了牙医和按摩师
完全不需要医生

大人只吃六分饱

随着年龄的增长,我们需要注意的是食量。营养平衡固然很重要,但是对于身体来说负担最重的就是过量。消化跟不上,很多旧的东西就会沉积在肠子里,从而影响寿命,多可怕。过了50岁,就要吃六分饱。如果不是体力劳动者或者运动量大的人,在八分饱之前就应该停下来。大脑会觉得有点少,但是胃很快就会适应。两餐之间如果饿了,我通常会吃一些坚果或者小鱼干。这个是可以放开了吃的。当然如果少吃一点,下一餐会吃得更香。

80岁以后要好好对待自己的脚

我曾经参加过一档节目,在节目里我教女主持人用手棒和磨盆磨芝麻。这位主持人手握着磨棒晃晃悠悠的,我说:"你好虚啊。"然后示范给她看。她很惊讶地说:"阿民老师,您的胳膊好有力量。"

可不是嘛,做菜是需要力气的。因为我所用的土锅、铁锅等厨具都很重，所以就练出了臂力。

另外就是脚力。我想无论到了多大年龄，都要让自己即便端着土锅也能站得很稳，所以我从七十几岁开始坚持步行上下楼，锻炼脚力。因为我家住在高层，上下楼是很好的运动，我坚持了四五年呢。但毕竟楼梯是水泥的，对腿脚还是有很大负担。因为走的地方不对，刚到80岁的时候，我的腿就不行了。如果是在砂土上走就没问题了，或者在树上走（笑）。因为腿疼，我用上了拐棍。大家考虑到我的年龄，做了我不能动的最坏打算。但是，我下决心要自己治好自己的腿脚。由自己的不当心引起的毛病，自己不治好怎么对得起上天呢。

我想到了食补的方法，要让自己增加一些肌肉，猪脚富含胶原蛋白和丰富营养元素，所以我开始常做炖猪脚了。用一口大锅一次炖很多猪脚，每顿饭都用它来跟其他的菜搭配着一起吃，因为是胶质食物，把它放在味噌汤里，用它做火锅，做炖菜，什么菜都能搭配。不光是有营养，而且实在是很好吃。我就这样坚持吃了两年，就完全恢复到在日常生活中不需要拄拐杖了。所以说,即便是上了年纪的老人的肌肉,也是可以恢复的。只要吃对吃好,身体是完全可以再生的。

- 猪脚的胶质中含有很丰富的能促进肌肉生长的亮氨酸,以及谷氨酸和精氨酸等对人体很好的氨基酸。

药补不如食补

自己的身体自己知道

怀着感恩的心生活

新来的学生总是惊叹，我家厨房的垃圾怎么能那么少。我就会告诉她们："因为没有可扔的呀。蔬菜的皮也能吃，鸡蛋壳捏碎可以用来洗锅、去除水垢，还可以当植物的肥料。"我作为一个经历过战争年代的过来人，深深懂得"可惜"的意义，所以总会给年轻人讲一些生活上的技巧。脑子里有"接下来能用的东西""尽量不产出垃圾"这样的信念，思考怎么把本来该扔的东西再利用一次，也是我每天最快乐的事情。

不扔东西的幸福

无论是做菜,还是巧妙地把冰箱里剩余的东西做成料理,都是很开心的事情。泡完高汤的昆布,跟梅干一起做成佃煮;蔬菜的皮,经太阳晒过后会更好吃;空瓶子用开水消毒后存放好;不要了的布剪成适当的小块当厨房纸用;盛放豆腐的盒子攒起来,用来放厨余垃圾;塑料容器洗干净、收好,可以用来盛料理课上做的菜,让大家带回家。纸也不能浪费,夹在报纸里的广告宣传页可以用来擦拭油锅,纸箱也可以剪成小块,当备忘录,或当常备品的名牌。包括好看的包装纸和丝带,都没办法扔掉吧?收好放好,分给别人或者送礼物的时候都会用得上。有空的时候就把纸、纸箱、布都剪好,直接放在可能会用到的地方,这样收纳好就不会到处乱放了。最近不是流行"断舍离"吗?有人说先把东西都扔了,

- 佃煮,传统日本家庭式烹调菜肴,甘甜带咸,适合佐饭。

反正还有新的,所以没关系。但是如果把什么都扔掉,然后再买新的,这样循环往复,我们早晚有一天会把自己难住的,下一个世代变成什么样还不知道呢。

牢记水的重要性

我家厨房的水槽里放着两个洗东西的桶。清洗前先用广告纸把餐具上的酱汁和油擦拭一遍,然后将餐具放入一个清水桶中清洗,洗好后再放入另一个热水桶中清洗。洗过的水也不扔,还能用来打扫卫生。我还会在阳台上放一个水瓶,如果存下雨水了,可以用来浇灌绿植,节约用水。

现在只要拧开水龙头水就会自己出来,这已经是大家习以为常的了吧?过去粮食不足,大家可是吃了不少苦,比起粮食不足,缺水显得更苦。每当灾难到来的时候,最大的困难往往都是"赖以生存的生命之水"造成的。我经历过用吊绳从井里取水的时代,所以知晓获取水的不易。我的父亲是个很有心的人,他在我们自家的院子里挖了十一口井，让周围的邻居来取水，因为父亲深知水有多重要。

　　水是一切生命的保障。想一下如果有一天没有了水该怎么办？先要清楚自己家的水是从哪里来的。我所居住的福冈，周围都是低矮的山脉，少有经过岩石流下来的水。谁都知道从高山流下来的矿泉水是最好的，如果是去打水的话都会先调查一下山和水源地，一般从山里打回来的水都放不久。总之，无论什么时候，都要养成节约用水的习惯。不懂得珍惜自然的人，一旦遇到困难，是没有任何准备的。

即使在都市也要亲近土地

　　我娘家是在博多的一个叫西中洲的地方，那里现在已经成了九州最繁华的地方。我小时候，即便城市也是有耕地的。我家的后院有我母亲精心开垦的一块菜地，因为那时候不像现在，买东西只要去超市就行了，很多人都会开垦一小块地，种点平时不好买的菜。

"家庭"二字,日文中也写成"家の庭"(家之庭)。所以无论是绿植盆栽,还是一小块的绿地,只要有个小小的"庭"就好。把切下来的葱根栽种在花盆里,它会自己长大,做味噌汤的时候如果想要一点绿色装点,把它拔下来切碎撒在汤上,既美观又省钱,还能从中体会到生命的宝贵和农民的辛苦。所以家里管理厨房的人一定要亲近泥土。

我在自家的小阳台上摆放了几个花盆。种了些花花草草。不是刻意撒种子种植的那种,而是任由鸟儿衔来,随意洒落下的种子,所以我的盆栽"庭院"是很随意的。看着种子从土地中探出头,发芽,长出叶子,切身感受着植物、虫鸟们生命力的顽强。从它们身上看到自然的美好,在它们身上学到松弛,让自己亲近土壤和绿色,让自己活在自然的轮回中。即使是身居高楼大厦,也要保持"我是跟自然连在一起的村民"的心态。

在养育孩子们的过程中我也始终保持着这样的心态。在饭桌上,我会告诉孩子们,"你们的身体是靠吃进去的东西在支撑着""要想菜好吃,培育菜的土壤是关键"。我经常说这些,孩子们都说我给他们洗脑。但其实,我的两个儿子后来都选择了农学专业,从公司退休后都选择了到乡下生活,我现在每天都吃他们种的菜。这样的结果,跟我每天在饭桌上给他们讲土地的重要性,是有点关联的,也算是播下的种子,生根发了芽吧。

扔掉之前再想一想
是不是还有用
然后动起手来
如果不动这个脑筋
遇到突发状况的时候
你会措手不及

● 放鸡蛋壳用（碾碎后再放入）

我们吃的所有食物
都来自土地
只要土壤好
植物就会长得好
人不能离开土壤

不给自己制造衰老的机会

每天吃过早饭以后,我会摊开当天的报纸。我每天必看的是《日本经济新闻》和我们当地的《西日本新闻》。虽然是家庭主妇,也要了解经济,了解世界上正在发生和将要发生的事情。观察世界事,对照自家事。因为自己家也是跟这个世界紧密相连的。把报纸的各个角落都看过以后,就会发现一些我关注的信息,比如我曾经在报纸上看到过关于京都大学的一位博士发明保温锅的报道。虽然是一个很简单的报道,我留意了,觉得很了不起,当时还跑去京都大学这位先生的研究室,这个被我命名为"博士锅"的锅现在还活跃在我家的厨房呢。

时刻充满好奇心

人只有一直怀着好奇心,才会变得很有活力。我是那种"想知道的事情就要问到底"的个性,这也让我总是在不停地动。从30岁出头考取了汽车驾照,一直到80岁驾照作废为止,哪里有了有趣的事、惦记的人,或者是食材的生产商,我都会开着车去看、去探访。从东到西走遍了日本各地。经常会走错路,但是因为日本是个岛国,陆地上没有国境线,即使走错了路,也不可能跑到别的国家去,绕来绕去最终还是会到达目的地的。有时候都忘了自己走错了路,还一直向前开,一直开到山里边,然后,儿子们会半抗议地说:"我们还是走着回家吧。"(苦笑)

好奇心和对事物的兴趣,是不会因为上了年纪而枯竭的。有这样的认识,还是在越南,坐着摩托车去乡下看鱼露制作的时候。摩托车在坑坑洼洼的路上飞也似地奔驰,而坐在后座上的是77岁的我。直到现在,每当想起那次经历,我还是会很快乐地说:"太有趣了,太愉快了!"

我的兴趣爱好,跟年轻的时候相比没有什么太大的变化。比如说衣服,我穿的衣服虽然不讲究时髦,但衣服上都是些能让自己的心情变得快乐的颜色和图案,从不穿黑色。我特别喜欢芬兰这个国家,喜欢那种特别北欧的小花纹样和蓝色。做菜的时候我不带围裙,而是穿有袖子的外套,市面上卖的这种成衣我都看不上,就买来自己喜欢的纹样的布,找来喜欢的样式,让善于缝纫的学生帮我做。

世间的每个人都是不一样的。60岁的人应该这样,90岁的人不可以那样,一切都被世间的条条框框所束缚的话,不会有什么有意思的事情发生。无论多大年纪,都要用自己的感觉和身体去生活。

身体会随着年龄增长老化
但是好奇心是不会老化的
不要把自己
放在世间的框框里

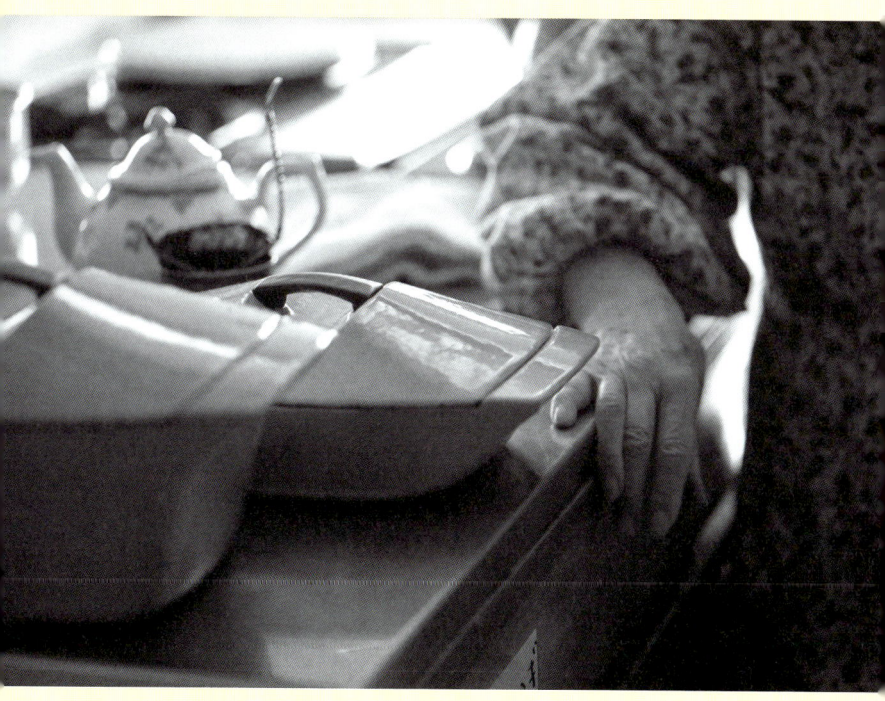

大方地社交

我开始一个人的生活是在儿子们去上大学以后，已经有 50 年了。但是因为每天都有人来我家，所以几乎没有一个人生活的感觉。学生、从前一起从事料理工作的朋友、亲戚、住在附近的好邻居，大家没什么事的话都会来找我聊聊天说说话。下了班顺道来看看我的人也有。喜欢聚到"馋猫"家的人多半也是"馋猫"，一起聊天的话题也都是跟吃有关的。比如说最近发现了好吃的红小豆的产地，巴黎学成归来的法餐大厨在熊本的森林里开了家餐厅，今年太阳的黑点减少了导致蔬菜的长势都不太好……聊天的内容天南地北。

"为什么会这样呢？告诉我啊。"有时候也会说"把了解这个的朋友带来嘛。"人跟人之间不就是"遇到了、磨合了、成朋友了"，这样一个过程吗？无论是朋友还是家人，无论年纪或是否相熟，只要是比我懂得多的，能教给我新知的人都是我的老师。最近出门的机会比较少了，所以邀约亲近的朋友来家里围着餐桌边吃边聊，真是愉快。

我觉得我喜欢跟人交往，是因为我在人口较多的大家庭中出生长大。我喜欢观察大人们的各种行动。比如，我记得在我家干活的老阿姨会用不好的言语欺负新来的阿姨。我虽然很小，但是就懂得了"以后绝不能做那样的事"，长大以后尽可能地远离那种贬低别人的人。

人与人之间最基本的关系，首先是倾听对方的话。听着听着，观察观察，就能判断出对方会不会说不好的、伤人的言语。只要不说让人讨厌的话，这样的人一般是可以交往的。

每月的同学午餐会

要说最欢愉的会面，还要数每个月第四个周四例行的我们女校的"同学聊天午餐会"。这是由我发起的，让大家来我家吃午饭的活动。因为是同学，所以大家都是超过90岁的人，但是只要一见面，大家马上就回到了从前的少女时代（笑）。最近参加的人越来越少，的确有点寂寞，但我还是要坚持下去。一个月有这么一个约定能让人变得有盼头，生活也有了动力。接送她们的家人每次都会愉快地说："我家奶奶总是盼着参加呢！"

其实，这样的午餐会我并不会做什么特别的料理。只是用家里现有的食材做点简单的食物而已。春天的话，我会做豌豆饭和酱汤，炖点季节的蔬菜，加上一些自己做的小渍菜。同学们也会带来水果和点心，餐桌上总是丰富多彩的。

不需要花很多钱做什么高级的菜，跟自己相熟相知的好友一起吃饭，无论是多么简单的饭菜都会吃得很香。

把信心作为护身符

活着,好的事,坏的事,想象不到的事,什么样的事都会遇到。我这一辈子就遇到了太多的事情。我25岁跟当医生的丈夫结婚,他比我年长10岁,是个特别温和的好人。婚后不久我们就有了一对双胞胎儿子,日子过得有滋有味。

可是没想到的是我丈夫婚后第6年就突然病逝了。从此我们的生活就开始历经各种艰难和曲折。我带着两个还没上小学的儿子寄身于娘家,借了哥哥家的一间房子,开了我的料理教室。终于熬到自己能独立的时候,孩子们已经上中学了。我们在一条人情特别温暖的街上买了一间小小的平房，在很多街坊邻居的帮助下，过上了只有我们母子三人的舒服小日子。后来，又经历了很多的事情，前后搬了五次家，才住进了现在的这个公寓。即使是在做自己最喜欢的料理，但当它是工作的时候，也会遇到很多的不如意和辛苦。但是现在我一点都想不起来有什么痛苦的记忆了，只有忘我地工作。

活着就是协同作业。快乐、亲切的感觉能传递给一起工作的人。我的幸福都来自家人、老师、朋友、学生和可以信赖的周围的人，真的都在这里边呢。

不优柔寡断

我小时候属于活泼好动型的孩子。父亲说"kisha来了"，我就跑到门口看，以为"火车来了"，结果是"记者来了"（火车和记者的发音都是'kisha'），我就很失望。遇到任何事情我差不多都是这个样子，所以父亲和哥哥们都说我"像个泥鳅一样，脑子里缺根筋"。泥鳅就泥鳅呗，我不在乎，就当是少了一根负面的筋，也挺好。无论遇到什么我都是往好的方面想，你看我这么多年不是一直都在做自己喜欢的事吗？

这个世界上最没用的就是"愁眉不展的时间"。"愁了半天什么问题也解决不了，还不如去睡觉。"这是我常挂在嘴边的。我本来也是乐天派，但是让我加深这种心境，是在我38岁第一次出国旅行的时候，我站在埃及的金字塔下，抬头仰望星空，忽然觉得人生像被打开了一样："啊，原来人生就像这一眨一眨的星星一样短暂。"所以，哪还有时间一筹莫展呢，好好地去享受人生才是活着的价值。

有"愁眉不展"病的人只要一闲了就会胡思乱想。我的学生里边就有这样的人，一"犯病"了就来找我商量，我就跟她说："先去擦桌子擦地，使劲活动身体。累了就睡在这里。"有些事怎么想也成不了，那何必为它浪费时间呢？已经过去了的事情着急也没有用，还没发生的事担心也没用，还不如去睡觉呢。你说烦着呢睡不着？

那就看书吧，书也看不进，还磨磨唧唧的，那我就管不了了（苦笑）。苦恼于又想挑战新的事物又担心失败了怎么办，什么都还没发生呢，担心有什么用呢？担心的话什么也做不成，什么也创造不出来。做菜和干工作是一样的。

如果你一直坚定自己的梦想，那么终有一天会实现。少女时代的我，曾经幻想过成为画家去巴黎。长大以后，我去巴黎学习了料理，我觉得很满足。

人不需要向后看，连想象都不要。尽量不用"可是""反正"这些负面的言辞。语言也是有灵魂的，我称之为"言灵"。

只想"一定会好的！"，你的心也就会朝着正面的方向前进了。

选择用钱买不到的东西

我跟随我的老师江上富先生，前往包括法国在内的欧洲、包括土耳其在内的中东以及非洲，考察食材、调查食物，是在我38岁的时候。当时江上老师问我要不要一起去，我当场就回答"去！"但是真正得以成行，还多亏了我的父母和兄长们的支持。而且，如果当时我的两个刚上小学6年级的儿子不希望我去的话，可能我也会放弃，但是他们也说"妈妈，你应该去"，在身后推了我一把，这样我才得以成行了。

我的积蓄几乎都用在了旅费上。后来哥哥们笑我说："阿民如果没去那些地方旅行的话，估计能买下两套公寓了。"虽然哥哥们的话有点夸张，但是，就当时我家的经济条件来看，花在那些旅行上的钱绝对算是一笔大开销了。即便如此我从没为那时的决定后悔过，因为金钱变成了知识和经验。也正是因为自己亲眼见到了外国的那些食物，也才更加认识到日本食材的丰富。那些旅行成了我作为一个料理人的人生食粮。我觉得这钱花得不但不可惜，反而很值，让我获得了人生的宝贝。

我对于买东西的价值观也是一样。我想要的绝不会是宝石，而可能是古老的梅干，不会是名牌的包包，而可能是很重的铸铁锅。因为锅能做出很多美味的佳肴，能让家人开心，时髦的包包只会带来一时的欢愉，锅却能带给我们一生的幸福，那种幸福能一直留在心里。

仰头望望天空
我们的一生
就像星星眨眼睛一样
就是短暂的瞬间
所以才更应该笑着乐着
过好我们的人生

第二章
聪明起来

学会挑选与身体需求完美结合的季节性自然食材

给身体提供应季的食物

常被问到最喜欢什么食物,我会马上回答"只要是新鲜的应季食材都喜欢"。比起高级餐厅或高级食材,那些令人激动的"应季食材"是我更喜欢的。虽然喜欢,但是我不会在冬天吃西瓜,夏天吃上一块被太阳照射过、自然成熟的西瓜,那才叫真正的"甜、美",那是发自肺腑的喜悦,身体是最诚实的。

为什么应季的食材对身体好

茄子和黄瓜即使是在严冬也会理所当然地出现在超市的货架上。这是一个不分季节什么都能买得到的时代。但是，总是吃那些身体并不需要的食物，你不觉得我们的身体正在变得不顺吗？春天，为了把积攒了一个寒冬的"废物"排出去，我们需要吃一些苦涩味比较强的野菜来解毒。盛夏时节，为了补充水分，我们要多吃茄子黄瓜类的蔬菜，多出汗，把沉积在身体里的重金属排泄出去。而到了秋天，为了恢复在夏天消耗的体力，也为了预防冬天的感冒，要多吃秋天的蔬菜以储存能量。冬天呢，则要多吃能帮助身体御寒和保暖的根茎类蔬菜。

吃应季的蔬菜能让我们的身体做好迎接下一个季节的准备，这是很重要的事情。

在季节变换的时候出现身体不适，是因为我们在身体还没有适应新的季节时，就吃了太多好吃的，睡眠不够，做了违反自然规律的事情。我们的古人因为深知这样的自然规律，所以，每到春分、秋分这些时令，都会吃与季节相适应的食物，过跟季节相对应的生活。

与山川湖海和土地相会

挑选食材的时候一定要选当季的、新鲜的、种植安全的，种得好的食材会营养满满，那是大自然所馈赠的味道，不需要任何的调味料也会很好吃，不需要过多的加工就能做出美味的佳肴。

应季的食材应当与来自原产地的食材搭配。以前，在福冈的某个地区，我参与了一个开发当地食材的项目。用在那片土地上收获的食材制成的料理中最受欢迎的是：猪肉苹果卷（P184）、梨炖茄子、葡萄烤猪肉。这些都是用作为特产的水果来加工的菜品。大家好像都被这样的组合震惊到了。其实这也是一种"身土不二"。

还有当季的山珍和海鲜的组合也很美妙。比如，春天可以是笋和裙带菜，冬天可以是黄甘鱼和萝卜，这些组合相辅相成，营养非常均衡。昆布煮豆子、大豆炒羊栖菜，羊栖菜和毛豆的炊饭也很好吃啊。

日本的土壤是酸性的，跟欧洲的蔬菜相比较，日本蔬菜中钙质的含量很少，但因为我们四面环海，自古以来我们的祖先就知道大豆、蔬菜跟海鲜同食，能很好地解决营养均衡的问题。

- 多吃大豆制品可以预防因食海藻类食物而引起的碘的过度摄入。同时，海藻类食物又能改善因豆类的大量摄入而引起的缺碘现象。

每日的菜肴要顺应气候和自己的身体

住在公寓楼里经常会让人忘了我们的日常生活跟自然也是密切相关的。有时候头昏沉沉的,或是膝盖很不舒服的时候,会有"啊!明天是不是会下雨啊?"这样的感知。因此,敏感地随着气候的变化来考虑我们每天的餐食,也是维持健康的重要因素。

早晨起来看看天空,脑子里浮现一下家人的面孔,然后想想今天的食谱。如果丈夫脸色暗淡、身体疲惫,就考虑给他吃好消化吸收的白身鱼肉刺身。如果赶上孩子们运动量大的日子,就考虑给他们带能缓解疲劳的猪肉菜肴。夏天如果常在空调环境中，容易造成食欲不振，可以考虑做又有营养又养肠胃的"冷汤"（P168）。如果家人在寒冷的冬天还要出门的话，就给他们做"大蒜汤"（P164，一款西班牙的汤，将大蒜拍碎入锅，煲稍长时间，大蒜经过长时间烹煮已经没有味道，因此也适合白天食用），这个汤能让身体从内到外变得暖和，暖和到能出汗，促进新陈代谢，从而让家人一天都精力旺盛。

所谓的"家里的味道"，不是吃饱了肚子就解决问题了，它是修复家人疲惫的身体从而为第二天汲取营养和能量的关键。

气压低的时候吃什么？

你一定会想"气压低跟饮食有什么关系呢？"关系很大呢。气压低了，血液流通就慢，消化也变得迟缓，整个身体都会感觉沉重，食欲也会不振，还常常会出现意识模糊的状态。

但是，毕竟气压这个东西是眼睛看不到的，忙碌的人顾不上考虑身体的不适跟饮食的关系，也更容易导致身体出现问题。越是天气不好的时候就越是需要考虑对身体没有负担的餐食。

如果遇到气压很低的时候，要做些利于消化的蔬菜、鱼和汤类的食物。因为这个时候身体消化食物的速度会比较慢，需要尽量避开纯肉、奶制品以及油腻的食物。如果刚买了猪肉，却突然下起了雨，做菜的时候就去掉肥肉的部分，把肉打成肉糜做菜吧。盐的用法也是一样，做饭的人要把自己定位成大夫，判断食盐量的加减。因为在炎热的天气里做运动时，和下雨在家读书时，身体对于盐的需求量是不一样的。所以，我们要时刻关心家人的身体，关心天气的变化。计算卡路里的时候，也应该考虑季节因素。

我们的身体
是跟自然密切连接着的
因此要顺应季节和气候
关心家人的身体变化
考虑每一天的
食物搭配

培养思考和选择的能力

在信息异常丰富的当下,真假难辨的情况时有发生。因此,接收到的所有信息要先过一下自己的大脑,这是很关键的事。只有靠积累经验,才能修炼自己的"思考力"和"选择力"。感兴趣的事、想了解更多的事,需要亲自去感受,作为其中的手段之一,我从年轻的时候开始就喜欢"旅行"。

在旅途中训练眼睛和味觉

我开始走上料理这条路是战争刚刚结束的时候。人们向往欧美的文化,就是在那样一个时代,我受到江上老师的指引,在法国吃到了面包,喝到了红酒,在比利时吃到了华夫饼和巧克力,接触到了真正手工制作出来的好东西,用自己的舌头品尝到了它们原本的味道。那段经历让我确信了一点,那就是,真正的东西需要用自己的眼睛去看。从此,我经常轻装出行,有时甚至会坐着火车用报纸盖着身体睡上一觉,去到那些带给我美好食物的地方。

虽然也去过一流的餐厅,但只去那些地方不足以构成学习体系。当地的风景和遇到的人都能让自己受益匪浅。无论是在欧美国家、亚洲其他国家,还是日本国内,最让我忘不了的就是当地的主妇们经常光顾的菜市场和在普通人家吃的饭菜,从中能看到与饭店不同的真正的"家的味道"。

比如,从前一说到法国人的餐桌,我们马上就会联想到黄油。昭和三十年(1955年)在法国旅行的时候,我们在诺曼底一个当地人家里知道了"晚餐中的面包是不抹黄油的"。跟日本一样，法国温暖的南部和寒冷的北部，两个地区的人的饮食习惯也很不同。当然，这些也会随着时代和环境发生变化，黄油的食用方法也许已经发生了变化，食物向来就不是一成不变的。

即使不会外语，用手势和身体语言告诉对方"在日本是这样的"，这样的交流也是很愉快的。通过交流，更能丰富我们的知识，启迪我们的智慧。被人教授的时候不要显得自己什么都懂，对感兴趣的事物要主动地靠近并不断地询问和追问，把获得的感受和得到的回复一一记录在本子上，这些体验和信息都是培养自身"选择能力"的基础。

在外面看到的文化

无论去到哪个国家,最有意思的一定是"乡土料理"。在饮食文化上,"乡土料理"包含了当地的气候、地理以及历史,同时还凝聚了当地民族的智慧,这些肯定是最有意思的。比如说蔬菜的产地,在亚洲各国旅行的时候,去菜市场,看到"胡瓜、胡麻、胡桃"这些名字的前面都有"胡"字,于是自己就推测这些蔬菜是不是都来自"胡国"呢?那个瞬间,忽然像是看到了星星眨眼的瞬间,内心很是兴奋。

到了其他国家,我的视野变得开阔,同时还能重新认识和发现日本。法国人总是自豪地认为"只有法餐才是世界一流的",但是我们也想告诉他们"日本料理也很棒啊"。不仅是工具的讲究和调料的丰富,世界各地的料理中,日本料理特别能带给人季节变化之感。这样的餐桌不正是我们"和食"的原点吗?

这样去看待"民族"和"食物"的时候,会发现被祖先世代传承下来的"米"真是独一无二的食材。现在很多人放弃食米，开始像欧美人那样食肉。但是日本人的体质不同，由于我们身体里用来消化动物蛋白的酶含量比较少，食肉过多会造成便秘和血液黏稠。据说我们日本人的身体，最适合食用的就是传承下来的"米食"，因为肠子比较长，米饭可以慢慢地消化，从而让身体维持持久的活力。即便是疲惫的时候，只要吃了米饭，身心就能得到舒缓，元气得以恢复，米饭是了不起的提供能量的基础。

吃遍了全世界众多国家的食物，我觉得还没有一种能跟米饭相媲美的食物。

成为学以致用的人

"我知道"和"我在做"是不一样的。如果只限于询问的"学问"，而不把学到的知识变成活的"学问"，是没有意义的。只有在生活中起到作用的"学问"才可能成为智慧。用大家都喜欢吃的"蛋黄酱"举例。在我去西班牙旅行的时候,去了据说是蛋黄酱的发祥地的梅诺卡岛,看到那里美丽的风景,立马想到难怪这里会有这样的酱诞生。岛上有很多橄榄树和柠檬树,还有很多精力充沛的鸡。于是我发自内心地感慨:"刚采摘下来就榨油的橄榄和刚离开枝头的柠檬,以及新鲜的鸡蛋,原来蛋黄酱这种调味料就是在这样的情境下诞生的呀!"因为了解了它诞生的背景,于是在我所生活的日本九州,我用当地的菜籽油和山茶油来代替橄榄油制作蛋黄酱。知道这些食材的背景故事以后,你就可以结合自己的实际情况想办法就地取材了。

想了解的事物
首先用自己的眼睛去看
即使是别人教授的事物
也要用自己的
大脑思考一下

了解了食材的品性再下手

"不能粗暴地对待食物,不能浪费食物",这是我娘家的铁律。如果小碟子里剩了几滴酱油,父亲就会很认真地对还是幼年的我说:"你想想,为了这几滴酱油得有多少人要付出劳动,你还好意思浪费吗?"如果饭碗里剩下几粒米饭,哥哥们也会用跟父亲一模一样的腔调说:"阿民,你看米字可以写成'八''十''八',对吧,也就是说稻米从种植到成熟要经过八十八道工序。"要时刻想着食物之外的风景,想着制作它们的人。我对待食物的态度都是在饭桌上培养起来的。

要想明智地选择安心的食材，需要对食材的本性有所了解。进到自己口里的食物是如何种植出来的？便宜的东西为什么便宜？如果是蔬菜，它是在什么样的土壤中种植的，能了解种植的源头是最好不过的。不能仅仅靠价格来判断食物的好坏。虽说无农药，但是一点生气都没有的蔬菜也是不行的。要看看、摸摸、闻闻，要确定"手里的蔬菜是活生生的"，才能去买。

食材的出处真的很重要。我家餐桌上的蔬菜从30年前开始就是由儿子们在种植供应了。鱼和肉也都是一直在买了很多年的老店铺采购的。如果还无法从农民手中直接买到放心蔬菜的话，那就寻找让人放心的人吧。

如何使用不太熟悉的食材

如何将食材的味道很好地调动出来，还是需要一些小技巧的。其实当你了解了食材的时令知识，就能做出好吃的美食了。

像柠檬以及其他柑橘类水果，在挤汁的时候，最好是一次性挤干，如果分两三次挤的话，后边部分汁水就会出现苦涩的口感。

还有，你们知道春天的笋分"男笋""女笋"吗？芽皮的上边呈黄色，底部为椭圆形的是"女笋"，涩味略淡，煮起来也更容易软。

再比如，菜花、芦笋这些菜可以用面粉水来去除苦涩味。

对于那些"水哒哒"的菜，日本自古就有一套料理方法——"酱油洗"或"醋洗"，这样"洗"一下以后，食物口感会大相径庭。

另外，茄子的根蒂部，是很好的着色料。把它们摘下来晒干，等到煮黑豆的时候放进去，煮出来的豆子颜色会更漂亮。年菜中的那道煮黑豆一定用得上。跟黑豆一起煮过的茄子根蒂也变得非常好吃，所以我经常感叹，蔬菜真是一身宝，没用的地方是一点都没有啊。

厨房工作第一步,"锅炊饭"和"吊高汤"

米饭是一日三餐的中心,我是用土锅来煮它的。煮法上也很讲究,饭煮不好的话,会让美味的菜肴大打折扣。相反的,即便是简简单单的一道炒青菜或是厚豆腐煮这样朴素的菜肴,只要有一碗松软的米饭,就会是让人满足的一顿饭了。

年轻的朋友刚开始自己做饭的时候,以及想重头开始学习家庭料理的学生,我都会告诫她们:"厨房工作首先要掌握的技能就是做锅炊饭。"再小的厨房,只要有一口土锅或者材质敦厚的锅,用少量的大米,就可以开始练习炊饭了。那些经常依赖电饭煲的人，如果肯稍稍花一些心思，炊出一锅合自己口味的饭，会在料理的道路上达到全然不同的境界。

我一般按水为米的等量或 1.2 倍的比例来炊饭。如果是新米的话水的比例再减少若干，陈米的话可以多放一些水。刚开始做的时候如果不放心可以用量杯具体测着放，同时把手指放在浸米水中，记住水的位置。随季节变化大米吸水的情况是不同的。炊饭之前观察一下米变白的状态，如果米已经变白了说明它已经完成吸水的过程了。

不同的锅炊出来的饭也会不同。只能靠你用自己的锅进行试验了。但是即使失败了也无大碍，总归是可以吃的（笑）。只要每天不间断地做，把这个过程看成是在跟锅中的米进行对话，使用你的五感好好观察，好好询问，"再软一点""再硬一点"，米饭就会慢慢接近你所希望的状态了。你会发现，炊饭变成了一件很有趣的事。

土锅炊饭

1. 在炊饭前，洗好米以后把它们放在竹筐中控水。把控好水的米以及同等量（或 1.2 倍）的水放入厚实的土锅内。

2. 盖上锅盖开大火。等水沸腾以后保持高温状态继续炊十至二十分钟。

在完全掌握技巧之前，你可能会不放心地中途打开盖子看看锅里边的情况。等到水烧得差不多没有了就慢慢地把火关小。具体时间还要根据锅的情况和米的量而定。

3. 在关火之前再一次开大火，这叫"追炊"。目的是将锅底的水烧干。追炊的时候大火的时间稍长就会在锅底烧出锅巴。发出的声音由"咕嘟咕嘟"变成"噗嗤噗嗤"就可以了。

4. 炊好以后最好再焖十至十五分钟。然后用饭铲把饭铲松。

把刚炊好的饭放入木制的饭桶中能让饭中多余的水

刚炊好的饭
表面会有很多孔
像螃蟹背壳上的孔
还会伴随
"噗嗤噗嗤"的声音

分蒸发掉,并且放在木桶中的饭即便是凉了也不影响口感,依然很好吃。

只要有高汤

家庭料理调味的基础就是自家的高汤。我每天都会用小鱼干和昆布吊"水高汤",做好后放在冰箱里,用它来做味噌汤和煮物。做法一般是在前一天晚上把小鱼干和昆布放在一个瓶子里,仅此而已。很多人嫌麻烦或者因为忙,常用现成的高汤粉。当我跟他们介绍了做法以后,大家也觉得如果只是简单地泡着就可以的话,自己也可以试试。

从古至今,九州家庭料理的调味里,小鱼干都是很重要的。至于挑选鱼干,当然,越大的味道越浓,但是一般家庭用的话五公分以下的就足够了。被太阳晒过的鱼干还能补充维生素 D,所以可以时不时地把它们摊晒在太阳下,使其营养更丰富。如果再稍加一道工序——把鱼干的内脏清除掉,还可以减少腥味呢。

就连海外的厨师都知道昆布是"umami"（旨味、鲜味）的基础，所以昆布受到他们的关注。也因此，日本的昆布现在价格也不低了。可以选择利尻岛产的，价格适中。买回来以后从袋子里取出来再晾晒一下最好。昆布放得越久，吊出来的汤的口感越浓，所以我一般都会存放3～5年。等到昆布表面出现白霜才好呢，那可正是"umami"的精髓。轻轻擦拭昆布表面后，把它们剪成大小适当的小片放进容器中常温保存就可以。仅用鱼干和昆布吊的高汤做出来的菜，有着清淡而优雅的鲜味，你可以试一下。

- 好品质的鱼干，有着闪闪发光的银色，只有经过自然干燥才会让这种银色状态保持良久。

高汤的吊法

1. 瓶中放入八百毫升的水,将剪好的昆布(适当大小)和鱼干(中等大小,十五克)放入其中,视鱼干的状态,也可以调整到十至二十克。

2. 浸泡一个晚上,就会泡出很好的高汤了。放在冰箱里可以保存三到四天。夏天的话尽量在两天内用完。

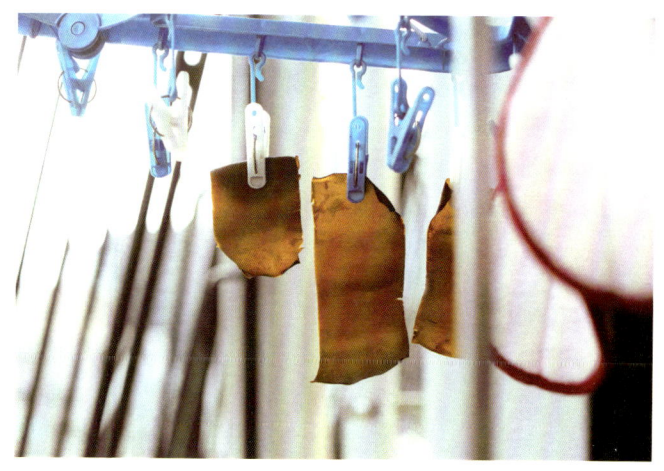

只要睡前把昆布和鱼干
放进瓶中
第二天就又可以
享受美食了

第三章

活得健康

让五感舒服自在,基本的工具和调味料

没有比手更好的工具

如果让你只能带一提篮的东西在无人岛上生活的话,你会怎样?如果是我的话,会带上带壳的稻米、蔬菜的种子、盐和油,还有铜锅和火柴。我会用石头垒一个火塘,把野草放进锅里用水煮或用油炒,用盐调味,还是可以美美地吃一顿的。一边培育稻子和蔬菜,一边考虑如何让火种保持良久,这些都是可以靠智慧来找到方法的。

没有了便利以后,人可以花功夫找到解决的方法。

随着时代的进步,为了迎合家庭料理的便利操作,料理工具也发生了很大的变化。现在大家都不愿做费时费力的事情了。"不会弄脏手,又简单又快"的厨具不断地更新换代,这让我很不安。当你用便利的工具做饭时,我们是不是同时也失去了什么重要的东西?比如做玉米羹的时候,我会把玉米粒放在钵里碾碎。有的学生起初觉得只能用料理机才能做这个汤,当她把我做的玉米羹放进嘴里的一刹那,一下子就被碾碎的玉米粒的醇厚口感和丰富味道震撼到了。"原来工具会让食物口感这样不同!"过度而单纯地依赖便利的工具,如果遇到停电或者设备中途坏了怎么办呢?不费功夫的工具因为省略了中间手作的环节,大脑和手的使用方法渐渐地就被忘掉了。因此,有时还是需要离开便利的工具。

无论如何,"没有比手更好的工具"。我们既然拥有勤劳的双手,如果不用的话岂不是太可惜了。

用手去接触食材,确认它们的鲜度,用手去感知火的温度,用手指去丈量食材的长度,用手掂量食材的重量……请尽量多用手吧。用身体记住,这些积累下来的感觉经过多少年都不会忘记的。"去无人岛的话,即使什么都没有,只要有这一双作为工具的手,就一定能活下来。"我这样小声嘟囔着。

用五感去使用"火"

人类发明的最伟大的料理工具,可以说就是"火"了。食材经过不同火候的处理,会呈现出截然不同的味道和口感。我是从不用微波炉这些设备的,虽然也曾经尝试着用过。说说我个人的感受,用微波炉热过的食物我不觉得好吃。比如用微波炉来加热冷冻的米饭,远不如用蒸笼热出来的松软,尽管用微波炉会比用蒸笼省几分钟时间。相比"叮"的一声响,我反倒觉得用蒸笼蒸出来的冒着热气的米饭更能让我产生温暖的感觉。说到底,是我跟电热没缘。相比电热,还是火自带的柔软波动更适合我。其实,如果有过去烧柴的灶火当然更好了。怎奈住在公寓里是不能实现的。孩提时代吃过的柴锅炊饭多好啊。面包如果是在直火上烤出来的也更好吃。让我一直记忆犹新的,是在伦敦郊外吃过的一顿早餐,用炭火烤出来的面包,又香又脆,香得让我念念不忘。自那以后,我也是直接在火上把面包烤得焦黄再吃。

"香"一定是靠火才能调出来的。做冷汁的时候,将味噌攥成球状在火上烤焦,不是用烤箱,而是用煤气炉的直火。用直火烤一下能更好地调动出味噌中的香气。现在的煤气炉,强火弱火都是靠按钮,我们不能一味地信任机器,所以要视火候的强弱,用自己的眼睛判断,最好也靠自己的手来感应温度。

只有用自己的五感来感受微妙的火候强弱,才能做出属于你的"味道"。

因过度方便而失去的"气"

日常生活中使用的工具,会影响我们的感知能力。料理工具变化后,最令人担心的是对于料理的"气"的使用。因为变得方便以后,很多人关怀别人的能力变得迟钝了。

- 日语中的"气"指精神、性子。

比如对方说"把碾磨钵拿过来",你如果只把钵递过去是不行的,说明你对他人的"关怀"迟钝了。如果把钵和钵棒、铲子一起递过去,甚至把垫在钵下边的布也一起递过去,那么,请你做这件事的人是不是会很开心。

这可不仅仅是一个钵的事,被人请求做某件事,你要读出他隐藏在言语后边的话,是不是还有其他的意图。要迅速地在脑海中思考一下。如果为了缩短时间什么都依赖机器,就会让"关怀他人"和"察言观色"的能力变得越来越迟钝乃至衰退。而依赖五感的手作,则一定会用到大脑和手,它能帮你练就"关怀他人"的智慧,这不正是如今这个什么都讲究便利的时代最重要的东西之一吗?

在诸事不确定的世间
更多地使用双手吧
太依赖便利的工具
会让你关怀别人的能力变得迟钝
反而会造成不方便

用得自在的工具

这里介绍的是我每一天的每一顿饭都要用到的,在厨房里时常要握在手里的,最基本的厨具。有些我特别珍爱的厨具用了甚至有70年了,因为它们特别符合我做菜的习惯,所以我会很好地养护它们,可以用很久。当然,我也会有意识地去挑选这样的厨具,慢慢也就积攒了很多。

最基本的菜刀和砧板

想做出好吃的菜肴没有一把锋利的刀怎么行?如果

用不锋利的刀切伤了手指,疼痛感会持续很久的。切菜、切鱼、切肉也一样,刀如果不锋利的话,食材切口处会被切得烂糟糟的,会留下很不好的味道,如果刀很锋利的话,切口也会完整而且干净,食物的味道和你的心情也会随之变好。

最好不要过度地去处理原材料,尽可能地减少用菜刀切割它们的次数。尽量让食材在三刀内达到你要的大小,超过三刀,食材的好味道就会被砧板吃掉了。

不同的切法,也会让食材在口感上大有不同。是顺着纤维组织切,还是切断纤维,食材的口感和味道都会发生变化,特别是洋葱碎的切法,无论是法国还是印度,都对此非常讲究,顺着纤维斜着刀刃切下去,切出来的就是甜的,相反,如果是乱刀粗糙地切下去,辣味会变得很重。大家不妨比较着切切看。

洋葱碎的切法
很多厨师都会在意
因为的确
切法会改变味道

日本的不锈钢刀具做得很好,在海外也是很有口碑的。我平常使用的刀是品质很好的用铁砂做的"安来钢"的刀,分别是切菜的刀、出刃刀和切刺身用的刀。一般家庭多是用三德包丁刀,在这个固定的基础刀具之上,再加上一把刀刃长约15～17厘米,如水果刀一样的刀。如果是乔迁新居的话,最好是到专门的店铺去试用一下,根据自己的手的大小和具体用途来挑选。如果能自己磨刀就更好了。

菜刀

- 安来钢,用日本传统土法炼成的钢。

- 三德包丁刀,又称"文化包丁",结合了和洋包丁的特点,是一般日本家庭常用刀。"包丁"意为菜刀,是"庖丁"的日文字写法。

砧板一定是木质的。具有抗菌性、适中的硬度，同时还要稍厚一点。我喜欢用银杏木材质的，当然桧木的也很好。使用之前先用水把砧板润湿，水会在上边形成一层保护膜，脏东西就不易沾染上了。清洗的时候不要用海绵类的清洁工具，用刷子更好，在砧板上刷来刷去，这样，上边粘着的脏物很容易被刷洗掉。如果脏物还没完全去干净就立刻用热水消毒，那么粘在上边的脏物反而会不容易去掉。洗干净的砧板用清洁的布擦拭以后放在阴干的地方晾晒，或者顺着木纹立在浅竹篮上控干。

砧板

最基本的锅

煮物可能是我用锅最多的料理，也是最基本的料理。我家里铜锅用得最多。我特别喜欢买铜锅，理由就是它能做出很好吃的东西。家里最老的铜锅还是江上先生送给我的法国铜锅。那已经是70年前的事了。西餐中经常会烹饪整条的鱼，所以椭圆形的锅最合适。当时日本还没有这种形状的锅。做日餐的时候，都是用圆底宽口的锅，把鱼一层层地码在锅里，盖上锅盖，然后在围炉的上方把锅吊起来煮，这种烹饪方法是最传统的。煮的过程中不用翻动，汤汁会顺着锅壁把鱼包裹起来，直到煮熟。也就是说用来煮东西的锅的形状，锅底应该是比较圆滑的，这样便于沸腾的汤汁往上走。还有，作为常识需要注意的是，不要以为煮的时间越长越入味，反倒是关了火，在食物慢慢变凉的过程中（80℃～60℃）放置30分钟，这段时间内，食物是最容易入味的。

铜锅受热非常均衡,且热度温柔,还不容易煮烂,即便是很简单的调料也很容易让食物入味。我娘家是一个多人口的大家庭,每一次都要做大量且好吃的食物,所以一直都是用一口很大的铜锅煮菜。白身鱼的肉大火快煮以后把鱼肉拨下来蘸着煮汁吃。外表红色或者青色的鱼适合文火炖煮,更容易入味。鱿鱼和贝类需要边煮边从锅内取出来,这样反复几次它们才会变软。

虽然铜锅需要保养但也并不麻烦。用过以后只要把它放在文火上烧干即可,确保它不会变成绿色。其实青绿也并没有害,如果变色了,用腌梅子的紫苏叶擦拭一下,锅身马上就变得光亮了。铜锅虽然价格不菲，但是它可不止能用一辈子，连下一辈都能接着用，从这个角度一想，还是非常划算的。我的学生们看到铜锅这么好用，煮出来的东西这么好吃，回去后都会买一只。

土锅不光能在冬天使用，它简直是全年无休。我家里有三个尺寸不等的土锅。如果是做我一个人的早餐，我会用小号的土锅炖很多蔬菜。中号锅经常被用来煮米饭，土锅是锅中盖，即使开锅水也不会溢出来。大号锅呢，一般是在很多人一起吃火锅的时候用。首先土锅有

- 土锅的远红外线功能，简单来说就是土锅在受热后会产生丰富的远红外光线，能有效分解食物中的酶，给食物带来鲜美的口感。

远红外线的功能,其次它的蓄热性能很好,即便是关了火也会很长时间地保温,用余热慢炖出来的菜,味道会更浓。但是要注意的是土锅用之前需要开锅,用一点大米加很多水煮米汤,这样能起到很好的保护作用,操作一次以后锅就不容易裂了。

中式炒锅

中式炒锅可真是万能的锅。既能炒,也能炸,还能蒸和煮,总之只要有一个在手,就什么都能解决了。别买太轻的,稍稍有点厚度的最好。中式炒锅分可以单手拿的"北京锅"和双手端的"上海锅"。如果是自己家里用的话,"北京锅"更方便。

如果会用到笼屉的话，可能双耳的"上海锅"更安稳。中式锅的开锅方法是先在火上干烧，然后用油整体滋润一下锅体，用过之后不要用洗涤剂清洗，直接用开水烫洗一下就好了。

想炫耀一下的日本厨具

在日本众多的厨具中,我经常会想如果对无限追求美食的法国人展示这些厨具,他们一定很高兴,这些厨具指的就是:"擂钵""竹浅""马毛滤器",以及"木质饭桶"。每一个都是从祖辈传下来的生活中的厨具,如今依然被活用于现代生活中,因为它们真是跨越了时代和国境的"好东西"。这些工具不仅能帮你做出美味的食物,还会让操作者应用自如,在熟练后,操作者能用它们打磨出更棒的手感,制作出更美味的食物。

先买中号和小号擂钵各一个，当然有一个大号的更好。擂过的芝麻可以用来拌青菜。把颗粒较大的味噌酱擂一下，加上高汤就是一碗香喷喷的味噌汤。擂钵跟料理机最大的不同，就是材质和对食物的加工方式。因为擂钵不是金属的，所以食材在被擂磨的过程中，本身的鲜味和风味会很好地保存下来，而用料理粉碎机处理过的食物太细，有时反而失去了它们原本的风味。你们不妨比较一下。我的擂钵所匹配的木棒是山椒木的，不仅坚硬，还有去除毒素的功效呢。

擂钵

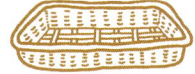

日本制作的竹浅大多都很优秀且用途广泛，有弹性又结实，还能吸收湿气，不锈钢的容器不能吸收湿气，所以控水的效果和竹浅完全不同。用竹浅来放刚洗过的蔬菜、米和水煮的食材特别合适。做

"一夜干"的时候,把腌过的鱼装进竹浅来除水也是刚刚好。一般用大的竹浅晒梅干,也是因为它控水性好,我还用它来晾晒像木桶那样的木制厨具。不锈钢的容器如果放在太阳下会被晒得很烫,而且并不会吸收水汽。挑选竹浅的时候,要看它的编网,挑选竹子内侧(白色的部分)朝上的且是手工编制的。

顺便说一句,爱迪生在发明灯泡的时候,灯泡里边的细丝用的就是日本的和竹。

- 爱迪生的灯泡中所用的细丝是产自京都的竹子,用蒸烧的方法使其碳化,成为灯丝。

做豆馅、白和豆腐(P174)、果泥等都可以用马毛滤器来过滤。马毛滤器跟金属滤器最大的不同,就是用马毛滤器来滤的话不会让食材附着上金属的味道,同时,滤出

马毛滤器

来的食材，纤维会很细腻，口感也更高级。

使用前，把马毛滤器倒过来轻轻地放入水中，然后用棉布擦拭，之后就可以用了。天然的马毛被水浸湿后会紧绷起来，过滤的时候需让食物跟它的网眼成对角线，从上边轻轻地拉着往下压就可以了。如果顺着网眼压，那么网眼很容易集中，并形成凹陷，用马毛滤器的时候还是需要些技巧的。使用后清洗时不要用刷子，用水冲洗即可，然后再用棉布擦干，在背阳的地方晾干就好了。

- 马毛因为有着天然的表皮，相比其他材料，能让过滤后的食材更细腻。

饭桶

我喜欢用桑椹木直立木纹的饭桶，因为它吸水性最好。直立木纹很容易干燥，用来箍桶的是粗一点的铜丝，比较结实。如果用塑料绳箍的话，用久了容易断裂。木桶在使用前，先用湿的棉布擦拭一下，盛饭的时候饭粒就不容易粘上了，而且也便于清洗。如果是寿司饭的话，那就用沾了醋水的棉布擦拭后再用，能保持寿司饭的良好状态。如果没有桶盖，用一块保持湿润的棉布盖起来也是可以的。清洗的时候，用刷子蘸着清水或温水清洗就可以了。洗好擦干水背阳晾干，只要好好养护，用几十年都没有问题。我使用得最久的木桶都用了50年了。

做菜
讲究的不仅仅是做法
用什么工具，做什么菜
也很关键

常备的天然调料

基本的调料直接决定了菜肴的好吃与否,所以应该尽量用纯正的。在用传统手法制作出来的调料中挑选适合自己口味的。往往这些花费时间和人力制作出来的调味料价格都偏高,但是它能让你做的菜在口味上上升一个台阶。

一般超市里卖的酱汁呀沙拉汁这些酱料里会有很多合成调料,如果有品质很好的基础调料,自己也能调出来。比如我做沙拉的时候,只用醋、油、盐和胡椒,调出"油醋汁"(P172)。无论是生菜还是煮菜,撒上这个汁就很好了,当然口味也可以随自己的喜好随意调整,自己做的酱汁没有任何防腐剂和添加剂,吃着多放心。尽管每个人的喜好各不相同,但我们应该学会珍惜来自你所生活着的这块土地的馈赠,选择天然的调料。

盐 盐是带给身体元气的调味料。好的食盐能让菜的口味更丰富,我们平时用的选天然盐或海盐就很好。日本海、濑户内海和太平洋,不同地方的海水做出来的盐的口味不一样,盐分的浓度也不同。所以做菜的时候要根据你想要的菜的味道来选择盐的用法。我个人比较喜欢口味浓郁又锋利的产自日本海的盐。盐是需要自己尝过再根据喜好来区分使用的。比如颗粒很细、口味柔和的盐适合用来做沙拉汁,也可以撒在饭团表面。盐最好存放在素烧过的陶罐里,这样能让它一直保持松松散散的状态。

酱油 酱油,我挑选的是酿造麹菌长年延续使用的,在最传统的方法下制作出来的酱油。如果可能的话,最好亲自走访那些遍布各地的酱油坊,用自己的眼睛确认后再购买。酱油中都会带有酿造它的那片土地的味道,比如九州的偏甜,关东的比较咸。烧汤的时候,等汤烧开了再滴入酱油,既能调动出酱油的香气,又能去掉它的土腥味。我喜欢清淡的口味,所以不会用盐分很重的,当然这也是随个人口味。我们应该尽可能地选用没有添加剂的酱油。

味噌 日本东北出产米做的味噌,京都出产白味噌,而九州出产大麦味噌。我平时吃大麦味噌比较多,但是在寒冷的冬天想要取暖的时候就会用白味噌了。每个人对于味噌的口感和气味要求都各不相同,可以先少买几种,试着调成自己喜欢的口感再用。如果想喝风味纯粹的味噌汤,可以把味噌用擂钵捻得更细腻一些,再加上高汤,口味会更特别。

糖 一般我会在夏天用天然的蔗糖,冬天用甜菜糖。日本蔗糖产自冲绳,所以在炎热的夏天用,产自北海道的甜菜糖在寒冷的冬季用,这就是应季。白砂糖我一般是很少用的,只有喝红茶的时候放一些。做菜的时候如果需要甜味,我也不一定用糖,可以从赤酒中获得。

- 赤酒,也叫"灰持酒"。清酒压榨前在其中添加木灰,增加独特的香气,同时酒中的糖分和氨基酸也随之发生变化,酒体变成淡红色,故称"赤酒",是一种调味用酒。

油 九州菜籽的种植规模很大且产量很高,我平时做菜都是用菜籽油。从前北九州的制铁厂都是用菜籽油来降温的,一到春天,福冈附近的农田一片一片地开着金黄色的油菜花。除菜籽油以外我还会用茶油。茶籽的种子据说是从中国长江漂流过来的,先在日本九州的沿岸发芽植根成长,所以九州就有了茶油。茶油的品质很好,无论是炒菜还是做天妇罗都可以,只是现在制作茶油的人少了,它变成了高级油。

醋 我通常选用大米酿造的天然米醋,但是如果手边有柑橘类的果实,就挤它们的汁替代醋。用酸橙的时候比较多,那是自然馈赠的风味。大家也可以在自己居住的地区找一找有没有这样的橙橘类的果实。

赤酒和味淋 略带红色和甜味,有着独特香气的赤酒是九州的熊本和鹿儿岛(鹿儿岛管它叫"地酒")特有的物产。因为我的老师江上先生是熊本人,我跟着她学会了用赤酒做菜。所以平时做稍甜的煮物,我不会用味淋,而是用赤酒,用它做出来的菜味道会更好。尤其是煮白鱼的时候,如果用味淋鱼的肉质会变硬,而赤酒会让肉质变得松软。做照烧的时候我常用味淋。如果觉得赤酒太甜的话,用别的酒跟它中和一下就好了。

那些顺应自然的
天然调料
不仅仅是口味好
而且没有多余的添加剂
对身体也好

高效率地使用厨房

养成良好的工作习惯

做菜的时候顺序很重要,要考虑好前后步骤。同时还要养成边做菜边收拾的好习惯。关于收拾厨房,我的习惯是把尺寸相同的盘子放在一起洗,厨余垃圾中如果有汁水那就先用竹浅把水控掉再扔。洗菜池要特别干净利落,不留任何东西,否则下次做饭的时候先要从清洗开始,多烦人啊。要让厨房始终保持干净整洁,这样才会有好心情来做饭。我经常用到薄棉布,蒸东西、滤东西、拧东西，擦拭砧板……都会用到，所以总是要多备一些。这些棉布即便用久了也不扔，一层层地把它们缝在一起，可以用来擦碗筷、擦灶台。脏了，就用肥皂搓洗干净，然后再用开水烫一下杀菌，偶尔也会在开水里煮煮，在太阳底下晒干，做到日光消毒。我从不用厨房纸巾，每天订阅的报纸里不是都会夹着很多的广告页吗，那些纸都是可以用的，没必要再另外买纸。炸东西的时候也可以用它们来控油，收拾炸锅时也可以先用报纸擦拭，然后再清洗。这样就不会浪费了。

冰箱的整理和夹子的活用

冰箱里边，同样的东西用同样的瓶子盛放。把它们放在近处，想用的时候马上就能找到。每天早晚我都会整理一遍冰箱。一来整理里边的东西，二来提醒自己冰箱里还有什么。把那些需要马上用掉的东西放在前边，尽可能在它们最佳的赏味期限内吃掉。在装食材的容器表面贴上写有日期的标签和其中的内容，再用皮筋捆一张纸，用大大的字写上"早点用",做到一目了然。如果赶上不能去超市买东西的时候,打开冰箱至少能做顿饭,也不至于日久忘掉,最主要的是这样也就不会浪费食物了。

边做菜边收拾
用身体和心去记住
厨房里的各项活计

第四章

成为和蔼可亲的人

做善待孩子、家人和生命的料理

> 家庭料理是"买不来的味道"

自家的饭菜永远是"买不来的味道"

我们每个人都应当有一个元气满满地去应对工作的身体,而每天吃进去的家里的饭菜正是这些元气的源泉。那些连接着生命的食物,一旦入口就再也拿不出来了。现在很多人,每天的饭菜都是买现成的。花钱就能买到的这些饭菜,它可能一时满足了自己的口,但是你的胃呢?它会怎么样呢?别忘了心和胃可是连着的呢,经常吃外卖或者现成的菜,也许一时吃饱了,营养可能也够了,但是长期下来你的胃是会累的,而这个累会让你的心产生失落感和挫败感。

  根据家人的年龄和喜好，怀着对他们的爱做出来的饭菜，是没有任何利益关系的，是用金钱买不到的，任何美食都不能跟它相比的。可能你会担心："餐桌上是不是要摆上很丰富的饭菜才行呀？"其实并不是这样的。每天的三餐，简简单单的就很好。我经常跟学生们说"不用每天都做那么丰盛的饭菜"。也就是说不用老想着如何才能做出像餐厅那样让家人惊艳的美食，也不用老想着必须老得变换花样。其实每天的餐食只要有作为主食的米饭，一个汤，再来一两样应季的菜就很好了。如果你想磨练做菜的技巧，就把应季的食材举一反三地做出几种不同口味的菜，那样的话，你就已经是很棒的主妇了。比如说白萝卜，你想想怎么能把眼前的这一根萝卜全部用完？中间的部位煮着吃，根部擦萝卜泥吃，皮稍微晾一下干炒着吃，连萝卜缨子都可以做成暴腌的小菜配着米饭吃，那可是很好的维生素呀，既营养满满，又经济实惠。每到这个季节，把这些料理反复地做来吃，跟食材建立良好的关系，你做菜的思路也就越来越开阔了。

创造属于自己的"好吃"

学生经常会问我:"您常说'按照你的口味来调咸淡',决定咸淡的盐的量到底是多少呢?"每当被学生这样问的时候,我都会笑着回答:"就是你喜欢的咸淡味啊。"这样回答的目的是想让大家不要遇到问题马上就去问别人,先自己好好想想。(苦笑)

再好的菜谱充其量也只是一个参考而已。刚开始学做菜的时候可以用它做参考,然后再结合自己和家人喜欢的口感和味道进行发挥。所谓的"好吃"可不是"几汤勺""几克"这样的数字就能决定的。

食材也会因为出产它的土地不同而味道不同,即使是应季的食材,在它们刚上市的时候、最旺盛的时候和后期的时候,水分也完全不同。无论是什么肉,它们也都跟我们人一样,每一条鱼、每一头猪、每一只鸡也都各不相同。所以每天要吃的食材需要好好地选择。没必要太拘泥于菜谱，你要找到自己活用"当日食材"的秘籍，然后只要掌握料理的"基本"就可以了。所谓的"基本"，就是可以举一反三地反复践行，而且随着这种反复，磨炼得越来越熟练的"方法"。将方法变成自己的东西以后就能更加自由地运用了，同时，做菜也就成了非常快乐的事了。

　　做菜时我习惯用手指蘸着尝味道。有的人会盛在小碟子上尝，我觉得不如直接用手指蘸来尝。不用惧怕失败，失败的本身也是学习的过程。我经常跟学生们说："学来的菜，做过30遍以后就变成属于你自己的料理了。"

做菜就是不断地调整
菜谱可以按照
自己的喜好不断地变换
"味道"不是买来的
而是自己创造出来的

有备无患对于日常忙碌的人很重要

经常有学生问我:"平常太忙了,如何才能做出好吃的菜呢?"尤其是又要带孩子又要工作的妈妈们,每天都是在一边跟时间打仗,一边还得想着给孩子吃什么。

其实,你只要在能做的时候做就好了。那些程序特别复杂的,需要花时间慢煮的菜就干脆不做。因为需要小火慢炖的菜,虽然可以用大火在很短的时间内做熟,但它不会好吃的。

忙碌的人需要有备无患地对待厨房里的事情。不是说今天吃的菜三下五除二地做出来就行了,而是你可以在有空的时候提前把准备工作做好,还可以做一些常备的菜存放着,有了储备着的菜肴,你的心情是不是也会变得轻松一些?常备的干货食材中我推荐海藻类、小鱼、混合坚果和豆类。尤其是豆类,跟日本人的体质非常契合,种类也多,不仅可以用在菜里,也可以当零食吃,用途广泛。斑豆用法汁拌一下当沙拉吃,红小豆和斑豆也可以煮成甜豆吃。这些豆类无论是和式的、洋式的还是中式的都很好搭配,用起来也方便。

不要把"花时间"变成义务

最近常听到这样的话:"一分功夫,一分爱情"。如果是没太花功夫的菜是不是就会被认为是做菜的人没有倾注爱情呢?所谓的"功夫"如果成了精神负担,是不是就会让人失去做菜的乐趣?常听到有些年轻的学生抱怨说:"为什么我又要工作又要做家务?"心里积压着这么重的负担怎么可能有好心情站在厨房呢?其实不用那么纠结,也不用那么要强。在做菜这件事上,从来就没有"必须要做花功夫的菜"这么一说。如果是带着这种情绪和义务站在厨房的话,你会觉得很累。更没必要自己一个人抱着这样的纠结,趁早跟丈夫和朋友们商量,大家一定会告诉你:"不要勉强。"

但是,做菜的方法的确是需要磨炼的。忙碌的人要学会"节省时间但不节省用心"的技巧。应季的蔬菜仅仅是蒸一下就会很好吃，烤土豆也很好吃。这些技巧都会随着持续的学习得到磨炼，每天不用绞尽脑汁，也能轻松地做出好吃的饭菜。

当然，光是强调"不费功夫的菜"有时也太可惜了，偶尔去挑战一下那些"费功夫"的菜也很有意思啊。比如时间充裕的日子里，做做"白和豆腐"，豆腐用擂钵磨过以后，再用滤网滤一下，好吃度会一下子提升很多。你会有"简直就是高档餐厅的味道"的感受，学生们经常会发出这样的惊呼，这种不经意间的发现就是惊喜。在每天的日常小事中不会有人老来赞美你，因此要让自己找到"做得开心"的心态和技巧。这样，所有的"功夫"也就不是义务的了。

要让自己找到
"做得开心"
的心态和技巧

育人的料理

"食"字是"人"和"良"的组合,所以,"食"是能让人好起来的事。常说"衣食住",但是,"食"更能给你带来敏锐的心和健康的身体。食物吃进去以后就被吸收了,确确实实会让你的身心获得养分。

看到最近的食物我就会想到,关于"咀嚼"的问题。现在不是流行"软的=好吃的"吗?所以大家都只吃柔软的,孩子们的牙齿也变得不再坚硬,因为都没有很好地咀嚼呀。人,如果不好好地用牙齿咀嚼,咀嚼力就会下降,大脑也会变得呆傻。我们不是常说,遇到酸的、苦的、辣的,都要咬紧牙关挺过去吗,那就要培养拥有结实牙齿的孩子呀,同时也要给他们做充满营养的食物。

来自厨房的人生咨询室

吃饭这件事太关乎人的生命了。在一些演讲和访谈活动中,关于吃饭和食物的话题我接受过各种各样的咨询,其中大家问得最多的就是育儿的问题以及跟家人关系的问题,在众多的咨询中,我挑选出几个例子跟大家分享。

Q 不知道是不是因为工作上的失败,我丈夫的情绪非常低沉,我该怎样帮他呢?

如果家人没有精神,情绪很低落,不想沟通交流,千万不要使劲地去追问。这种时候你就尽可能地做一些看上去很好吃的饭菜摆到桌子上,为了能让他睡好,你可以在菜里放点酒,然后跟他说:"你先好好休息,无论遇到什么事,有我呢。"

还有，你的先生即使有很多不足的地方，但是作为母亲，也一定要在孩子面前（哪怕是装）表现出尊重他的样子，否则家人的关系就会变得不好了。

Q 我正在饱受困扰，整天跟处于青春期的孩子吼"快起床！""赶紧学习！""把东西收拾好！"，连我都讨厌我自己了。

针对早上不愿起床的孩子，我建议你可以轻轻地打开他的房门，让味噌汤或者其他什么汤的香味飘进他的房间，然后让他听到你"嗒嗒嗒"的切菜声，感受从砧板上散发出来的愉快的生活气息。然后打开收音机，全家人都会在妈妈的引导下开始一天的生活。什么"赶紧学习！""快来吃饭！"这样带着命令口气的话一概都不要说。那种命令式的口气连我们大人也不爱听吧。你不可能把他按在书桌前，孩子有反抗情绪，说明他们的心已经很累了。

这个时候，作为母亲更不能跟他一样焦虑。如果孩子表现出焦虑的情绪，你就轻描淡写地回应一下："噢，原来是这样啊。"然后在饭菜上多下功夫，用好吃的菜肴来表达你对他的关心，他就不会觉得自己是孤独无助的了。只要孩子不是极端地偏离正确的方向，作为母亲，只需要在一旁静静地守护他正在行走的路就好了。教育的真正核心就是最终要把他培养成什么样的人，不是吗？除了学校里教授的知识，他还有很多人生中重要的东西要学呢。

Q 孩子，尤其是要升学考试的孩子的零食该怎么准备呢？

原则上孩子的零食最好不要是那些写满了英文字母的洋式点心。试着自己做点健康的零食给他。最好是红小豆或豆馅儿一类的点心。红小豆泡一晚上，然后煮一下就可以吃了，红薯蒸一下，又充饥又有营养。学习负担重的孩子需要补充大脑的营养，要多吃鱼和混合干果类的东西。缺钙容易使人急躁，大脑的反应速度也会跟不上，要多吃小鱼干。另外，还要多摄取好的油脂，才能给大脑供应养分，干果类最合适了。所以做一些小鱼干果（P170）备着，这已经成为最受我的学生们欢迎的零食了。

Q 一岁半的孩子吃饭忽多忽少，如何在很小的时候养成良好的吃饭习惯呢？

带着便当去一个什么都没有的公园吧。除了饭团以外，夏天带上西红柿，秋天带上番薯，选一种应季的好食材带上，不要带那些商店里卖的果汁和加了很多添加剂并且高糖的零食。让孩子在公园里使劲运动和玩耍，等他们肚子饿了，除了你带去的便当，再没有别的食物，他一定会吃得很香。先养成这样一个习惯，这个时候倒是不用太在意营养均衡不均衡。

> **Q** 孩子和有问题的孩子做了朋友,家长之间的交往让人疲惫,如何解决育儿过程中家长之间的关系的烦恼?

孩子就是一块原石,如何把他们打磨成一颗闪闪发光的钻石,要看作为母亲的你是不是也在很好地享受人生。人这一生中时不时地也会跟自己不想应付的人打交道吧?遇到不想听又不得不听的时候,就在内心吐下舌头,翻个白眼,得过且过就好了。孩子小时候如果见过品性不好的人,那么他长大了以后就有了识别这样的人的基础,倒也算是人生的阅历。儿孙自有儿孙福,要想养育出大气的孩子,要先让自己大气一点。

> **Q** 作为家教，母亲最应该教给孩子什么呢？

我从来没跟儿子们说过"赶紧学习去！"这样的话。我会说"不好好学习将来麻烦的是你们，可不是妈妈"，或者，"那些东西放下吧，别学了"。这么一说他们反而都坐到书桌前去了。有时候孩子的思维真是不可思议。（笑）

虽然我没有督促和要求过他们学习，但怎么拿筷子、吃饭时的规矩、怎么跟人打招呼，这些我都很严格地教育他们了。此外，我还教他们要感谢每天的食物。

虽然是男孩子，但掌握泡好一杯茶的技巧对他们而言也很重要。让一个人泡杯茶就能看出这个人是不是一个关爱他人、会照顾他人的人。不是往绿茶里倒入滚烫的开水，而是先让开水降一下温，再温茶杯，最后配上茶托。虽然看似不经意，但泡茶的过程特别能看出一个人的家教。

  做饭的时候让孩子们搭把手，这对于他们日后的生活也会有很大的帮助。洗菜或用擂钵擂芝麻这些事都可以让他们帮忙，他们在一旁看着，自然而然地也就记住了，也会慢慢地养成关怀他人的习惯。无论如何，父母要积极、乐观又努力地生活，这样孩子们也一定会被父母影响的。

味道是一辈子的事
如果记忆中保留着属于家的味道
那可是至上之宝

用食物串起来的牵绊

我小时候,每当正在吃饭的时候家里来了客人,母亲就一定会招呼他:"吃了没有?一起吃吧。"我们家大大的餐桌上经常会有不认识的阿叔阿婆跟我们一起吃饭。甚至有每天早上都来的人。哥哥每次看到都会不高兴地说:"那个人又来了。"每每这个时候,母亲马上会说:"那有什么呀?肚子饿了呗。"正是因为在这样的家里长大,所以,后来当我有了自己的小家,即便住在公租的小房子里,我也会经常招呼邻里来吃饭。当时的客厅比现在这个还小很多,但我一点也不觉得难为情。因为饭是大家一起吃才香嘛。所以做了好吃的我一定会招呼左邻右舍,大家一起热热闹闹地吃。

这种很多人的"大家庭"是育儿最好的环境,能让孩子很自然地养成关爱别人的习惯。所以,我也特别疼爱孩子的朋友,以及住在周边的孩子们。孩子就是要大家一起养才结实,特别是如今这样的时代,放下包袱,大家一起围着餐桌共进美食是多么重要。

不是有句谚语叫"吃同一锅饭的友情"吗?用"饭"结下的缘分使人丰足。儿子们上高中的时候,他们每天带的便当都装得满满当当,特别瓷实。当时我还纳闷他们怎么这么能吃啊?直到几年前,他的同学告诉我:"那时候我经常吃他的便当,真是给您添麻烦了。"我听了别提多开心了,又惊又喜。

过日子就要常跟周围的人打招呼。"早上好!""今天天气真不错啊!"每天都要积累这样的小小的"礼尚往来"。

慢慢地,当你梅干做好了、豆子煮好了、菜多做了一些的时候，再加上一句"不知道是不是合你的口，请尝尝吧！"一起带给对方，这样的牵绊就建立下了。

餐桌就是可以加深人跟人的牵绊的最好的地方。

"散寿司"是日本料理中最大的"奢侈"

凡是到了女儿节、中秋节，或者其他什么家里值得庆祝的特殊时刻，若要让餐桌特殊一点，那就该"散寿司"（P186）登场了。

散寿司色彩漂亮、食材丰富。只要把应季的食材和家人喜欢的食材处理好、拌好、码好就可以了。虽然准备的时候看起来稍稍费事，但是有了它，再做一个汤类的就足矣。用不着考虑要做很多种菜，其实是省事的。人多的时候，把它们摆放在专门盛寿司的木桶里，往桌子正中央这么一放，又有存在感又好看，而且大人孩子都喜欢。

在我家，圣诞节也是吃"散寿司"。现在日本人已经把圣诞节演变成了一个要奢侈地度过的节日，但我们在意大利时，圣诞夜的餐食，也只是大家围坐在简朴但庄严的餐桌上，在礼拜之后吃一点汤和面包，绝不是盛大的庆祝豪宴。

大家还是有对外国生活的向往吧。在我的料理教室，50年来，经久不变的就是圣诞节的"圣诞树散寿司"。

把散寿司放在蛋糕模中塑型，以菠菜为绿色元素、胡萝卜当红色元素来装点。每次快到圣诞节的时候，学生的家人就会催促说："快做那个散寿司吧。"

我自己喜欢散寿司的理由是因为小时候，我母亲总是找各种理由给我们做散寿司吃，所以对我来说那是儿时最美好的味道。无论过多少年都会想起来：啊，那时候妈妈做了这个。记忆中的味道真是宝啊！妈妈的味道能让家人感受到满满的幸福感，收获无限的力量。

不用过度努力的厨房

就像太阳每天都升起，昨天的花蕾今天悄悄地开了，一切都是在自然的状态下。早上起来，为家人和身边的人做一顿好吃的早餐。用这样一种极其自然的心境做出来的就是"家里的饭"。

想跟年轻人说的是，不要过度把自己捆绑在厨房的事情上。如果是勉强在做的话，你就会有"是我在为你做"的抱怨心态，你做的菜就成了"无心之味"。

有一次学生跟我说："实在太忙了，没时间给孩子做点心。"我就跟她说："做个小饭团如何？"饭团一分钟就做好了，用它来代替点心也挺好啊，饭团就是最好的"手的款待"呀。

曾经这样烦恼过的这位学生，在以后的十年里，每当孩子饿着肚子放学回来时，就会在餐桌上放一个"妈妈的饭团"。多年后她苦笑着回忆说："多亏那时候听了先生的劝告，我一下子就放松了。"

妈妈都不想让孩子饿肚子，想给孩子吃有营养的食物。与其说去买那些看上去漂亮的点心，或者费半天劲逼着自己去做点心，都远不如妈妈亲手攥出来的饭团。不要把你的爱放错了地方。

其实比菜做得好不好更重要的是你那颗关怀孩子的心。能为家人做饭是多么幸福的事情。

饭团好吃的秘诀

1. 刚做好的饭，尽可能地趁热攥，从锅里盛到饭碗或者放进木饭桶里，就容易攥了。

2. 一个饭团大约是半碗饭的量。这样比较容易攥，也比较容易吃，大小正合适。

3. 手掌上沾的水不能过量，水沾多了饭团不容易保存，轻轻地沾一下就好了，盐用指尖蘸了以后抹开，一次可以连续攥 2 到 3 个。

4. 心里一边念着"好吃点，好吃点"一边攥。

以健康的心态站在厨房

给孩子做饭的时候心里想着"你要成为对别人有所帮助的人啊",给大人做饭的时候心里想着"要元气满满地过好一天啊"。要让自己怀着这样的心情,再让这样的心情传达到手上。这是我在自己的料理道路上一直坚持的信念。不用去想什么成功啊、成就啊这些多余的东西,把最重要的心愿托付给你做的这些饭菜,让它为家人提供生命的力量。

食物中饱含着做它的人通过手传递过来的关怀和能量。不仅仅是爱的能量,如果你是在愤怒的情绪下做的,那么愤怒的能量也会传递到你做的菜上,这些菜是带着愤怒的味道和气力的,这些情绪也一定会传递给吃它的人。

夫妻吵架的日子,做出来的菜一定是尖锐的、盐分很重的。跟孩子生着气,嘴里唠唠叨叨着做出来的饭也一定好吃不了。有没有这样的经历?你烦躁的心情会渗入到菜肴中,本来好端端的饭菜一下子就被负能量压倒了，而吃下这些的都是你最亲密的家人，可真要注意才行呀。

所以，站在厨房的人一定不能浑身疲惫。那样的话是做不出好吃的饭菜的。如果特别疲惫的日子就索性不要进厨房，不要做饭了。

常常有种说法，把女性说成是照耀着家人的"太阳"，我倒觉得不要比喻成太阳，而是月亮更好，像温柔的月光一样静静地陪伴着家人。疲劳的时候就跟家人说："今天是没有月亮的黑夜，妈妈累了要先睡觉了。"这样的时候，去外边的餐厅吃也好，完全交给先生和孩子自己什么都不管也好，总之先让自己好好休息一下，有什么不好呢？

做饭是每天的事情。小小的疲劳很容易被忽视，但是正因为做饭是每天的事情，如果自己的身心有不适的感觉，那调整自己的状态就更重要了。

有了这样的认知，当你再次面对做饭这件事的时候，你的情绪是不是会变得很平缓呢？心里挂念着对于你来说最重要的人,想着自己做出的食物可以为他提供支撑生命的养分,是不是觉得这样的人生充满了无限的幸福呢?

不用那么拼命
不一定非要用语言
表达内心所想
心念也是可以传递的

阿民厨塾
最重视的料理的基本守则

1. 挑选应季的食材,使用天然的调料。

2. 边收拾边做菜,保持厨房的整洁状态。

3. 不要自认为已经知道了,教的东西要自己再思考一遍。

4. 学过的菜做30遍,让料理拥有自己的"味道"。

5. 拿起刀的时候要让自己保持平稳的心态,做菜的时候心里顾念着吃它的人。

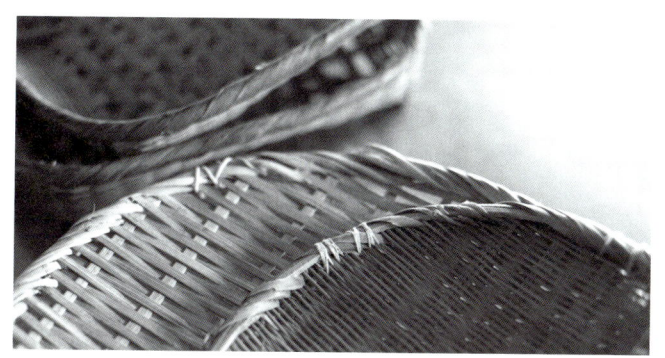

给生命带来喜悦的爱之菜谱

这里介绍的都是来阿民厨塾上课的学生们自己举一反三，常给家人做的经典菜肴。因为阿民厨塾坚守"不用数字来表示用量"的信条，所以这些菜谱里所表示的份量、时间和火候仅供参考。掌握了调味的基本原则和操作的顺序以后，就由实际操作人自由发挥了。用你的手、舌头和鼻子去感知，做出属于你的味道，并享受做它的过程。

芝麻拌菠菜

材料：菠菜一把，白芝麻两大勺。

拌汁：酱油两小勺，赤酒（可用味淋代替）两小勺，高汤小勺一勺半。

1. 菠菜焯水后切成三厘米长的小段。用酱油洗一下（撒两小勺酱油在菠菜上，然后立刻挤掉）。

2. 白芝麻炒熟后用擂钵碾成碎末，加入拌汁混合。

3. 把处理好的菠菜放进拌汁中，拌匀即可。

- 酱油洗：用酱油的味道去除食材水淋淋的味道。
- 菠菜还可以用扁豆、春菊、小松菜替换。
- 自己焙过、擂过的芝麻，和外面买来的在香味上完全不同。

- 现磨的芝麻香味浓郁,用来拌菠菜正好

醋拌章鱼黄瓜

材料:煮章鱼一百八十克,黄瓜一大根。

酱汁:两大勺柠檬汁(或其他柑橘类的汁),盐少许,天然蔗糖,生姜适量。

1. 黄瓜切薄片,去除黄瓜的水分,再用醋洗一下(在黄瓜上撒两小勺醋,摇匀后轻攥)。章鱼顺圆切片。

2. 调酱汁,把处理好的食材加进酱汁,最后再码上姜丝就好了。

- 醋洗:用醋洗过以后可去除食材水淋淋的感觉。

- 柑橘类的酸味非常温柔,适合用来做酸拌章鱼黄瓜。

● 柠檬、柑橘类的汁要一次性挤完。对半切开后,把切口处的表皮切掉一圈就很好挤了

大蒜汤

材料:大蒜两瓣,洋葱两个,水一升半,菜籽油两大勺,盐和胡椒适量。

1. 洋葱圆轮切开后再切成丝。大蒜剥皮备用。
2. 厚锅内放入油煸炒大蒜,再小火煸炒洋葱至淡褐色。
3. 在锅中加入水炖煮一至一个半小时,加盐和胡椒调味即可。

● 一碗浓郁的大蒜洋葱汤

- 大蒜不要切碎，整瓣煸炒就不会感觉到有臭味了

蛋黄酱

材料：蛋黄（常温状态）一个，盐三分之二小勺，醋一大勺，菜籽油一杯至一杯半，西洋芥末（粉状）一小勺。

1. 玻璃盆内放入蛋黄、盐和西洋芥末，慢慢化开，加入醋搅拌。

2. 在搅拌好的蛋黄中分几次一勺一勺地加入油，迅速搅拌。

- 品质好的鸡蛋和油是关键。菜籽油也可以用橄榄油替代。
- 乳化后的蛋黄酱在冰箱内可以存放一个月。

- 可以自己调整咸淡的蛋黄酱

竹荚鱼冷汤

材料：竹荚鱼（生，中等大小）两条，味噌四大勺，白芝麻两大勺，水三杯，黄瓜薄片和紫苏叶丝（用水泡过）适量。

1. 竹荚鱼去掉鱼鳞和内脏，在烤架上烤熟，拆下鱼肉。

2. 白芝麻焙熟并用擂钵碾成碎末，加入鱼肉一起碾，加入味噌，碾成酱状。随后将擂钵内的材料贴敷于擂钵壁上备用。

3. 把擂钵翻倒过来扣在煤气灶眼上，用小火微微烘烤出香味，大约八至十分钟，让食材达到似焦非焦的程度。

4. 在擂钵中徐徐地加入水，将擂钵内的食材融化调开，加入黄瓜片和紫苏丝就完成了。盛夏时节，还可以在汤中加入冰块。

● 盛夏季节,喝一碗"竹荚鱼冷汤",既能预防中暑又是对身体很好的滋养

● 擂钵架在煤气灶上的时候人不能离开

小鱼干果

材料：带皮的生花生米一百五十克，小鱼干三十至五十克，适量的油，白砂糖和番茄酱各三大勺。

1. 中式炒锅中放入油，开中火。把生花生米慢慢炸熟，取出备用。

2. 炸过花生的锅内放入小鱼干，炸酥，取出。

3. 锅中留下三大勺量的油，倒入白砂糖，不停地搅拌，使其融化。

4. 把炸好的花生米和小鱼干一起放入锅内，不停地搅拌，同时倒入番茄酱，搅拌均匀，关火，盛在盒子里，放凉后随吃随取。

● 这个菜特别适合用中式炒锅来做。

- 既能下酒又可以当零食的"小鱼花生"

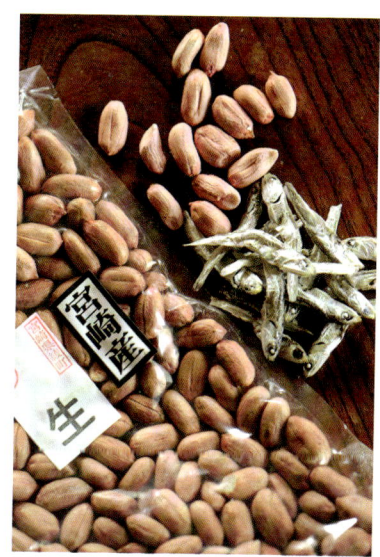

- 挑选品质好的生花生和小鱼干

什锦沙拉

材料：沙拉用的蔬菜适量（这里用了花菜），面粉水（除苦涩味用）适量，醋一大勺，盐一小勺，胡椒少许，菜籽油两至三大勺，蛋黄酱适量，煮好的蛋黄一个（碾碎备用）。

1. 制作油醋汁。在一个盆里放入醋一大勺，盐一小勺，胡椒少许，菜籽油两至三大勺，搅拌均匀。

2. 花菜切成小块，用面粉水浸泡二十分钟去除苦涩味。另一个锅内放入面粉水，冷水下锅把菜花放进去煮一下。

3. 煮好后控掉水，放入盆内。用油醋汁浸泡着。

4. 把浸泡后的花菜摆在盘中，上桌前浇上蛋黄酱，撒上碾碎的鸡蛋黄增加色彩。拌匀食用最佳。

- 面粉水：将面粉和水混合至淘米水的状态，它可以去除蔬菜的苦涩味。
- 调沙拉汁时可以用旧的茶筅来搅拌。

● 既健康又可爱的"俄式银荆花沙拉"

白和豆腐

材料：木棉豆腐和魔芋各二分之一块，胡萝卜（五厘米）一段，水芹少许，白芝麻两大勺，味噌一勺半，天然蔗糖一小勺。

1. 豆腐控水（豆腐上放一个盆以压出水分）。

2. 魔芋切成细条状，用开水焯一下。加入酱油和赤酒（1∶1的比例）稍腌入味。胡萝卜切丝焯水。水芹焯水切成三厘米长的小段。

3. 用擂钵碾好芝麻后，将豆腐倒入其中，拌匀，加入味噌继续碾着搅拌，加入蔗糖边碾边拌。

4. 把碾好的食材放在过滤网上过滤，口感会更加细腻。

5. 在滤过的豆腐中加入备好的魔芋、胡萝卜、水芹，充分拌匀即可。

- 步骤4跳过也无妨。
- 可以用嫩扁豆、春菊、小松菜代替胡萝卜和水芹。

● 过滤时不要一次性处理很多食材,一点一点地擦漏

千草烧

材料：（4人份）适量的任意蔬菜（此次用了圆白菜、白菜各八分之一，白萝卜十厘米长，胡萝卜五厘米长），年糕二百五十克，丁香鱼适量。

1. 将年糕切薄片。所有的蔬菜均切丝。

2. 厚一点的平锅内，放入切好的蔬菜的四分之一的量，再放上年糕和丁香鱼，盖上盖子小火焖一下。

3. 锅里的食材半熟以后，再把剩下的食材分三次放入锅里，以同样的方法焖。

4. 食物全部熟透以后，把平盘放在菜饼上，反扣过来盛盘。吃的时候可以蘸着酱油或醋吃。

● 放了很多蔬菜的年糕比萨"千草烧"

● 年糕比萨"千草烧"配料

脆脆的天妇罗

材料：鱼和贝类适量，洋葱一百五十克，水芹一百克，胡萝卜三十克，小虾一百克，水和酒各四十毫升，炸油适量。

粉类：淀粉、小麦粉、糯米粉各三大勺。

1. 做天妇罗衣浆。盆内放入所有粉类，倒入水和酒，用手搅拌，达到浆糊可以透过手指滴落下来就可以了。

2. 准备食材。洋葱先切开一半，再切成八毫米宽的圈，水芹去掉头和较硬的部位，切成三厘米长段，胡萝卜切丝。小虾洗净控水。

3. 盆内放入所有的食材，撒入一大勺干面粉，混合均匀。

4. 锅内倒油，烧至一百七十摄氏度左右。将所有食材裹上做好的衣浆，用蘸了油的木平铲盛起一铲食材慢慢地滑进油内。迅速炸好。

● 用三种粉来调是关键

● 天妇罗

● 浆糊达到能透过手指滴落下来的状态，就可以了

厚扬三味煮

材料：厚扬（鱼饼）一袋（两百至三百克），水半杯，赤酒三大勺（如果没有可用两大勺白糖代替），酱油一至两大勺，磨碎的芝麻一大勺，切碎的生姜、大蒜各一小勺，切碎的大葱一大勺，一个干辣椒切圈。

1. 厚扬脱油处理，把一个切成四块，干辣椒去掉籽。

2. 锅内放入除了厚扬以外其他的食材煮沸，加入厚扬，盖上盖子煮十分钟。

3. 确认煮透以后，尝口味，连汤汁一起盛出。

● 不需要高汤也很好吃的下饭菜——"厚扬豆腐三味煮"

红烧白身鱼

材料：海鲈鱼（中等尺寸）两条，酱油六大勺，酒七大勺，赤酒七大勺（如果用味淋就是四大勺），大葱适量。

1. 处理鱼。去掉鱼鳞和内脏，洗净擦干水。

2. 把调料倒入锅内煮开，放入处理后的鱼，不盖盖子，时而把锅底的汤汁舀到鱼身上，让鱼熟透，保持鱼身完整不塌。

3. 盛出鱼，用剩下的汤汁把蔬菜煮好，配在鱼的旁边。

● 海鲈鱼可以用其他白身鱼代替。

● 赤酒的加入,能让白身鱼煮得很松软

猪肉苹果卷

材料：猪里脊薄片三百克，苹果两个，酒两大勺，菜籽油适量，配菜（此次用了嫩扁豆）适量。

1. 里脊肉用酱油和酒（1∶1的比例）腌入味。苹果削皮，一切四，再切片备用。

2. 把肉展开摆放在平盘内，再把苹果片摆上，卷两至三下。

3. 平底锅内放入油，中火待油热了以后把肉卷码放在上边，中火煎至肉卷上色，倒入酒，盖盖，转小火焖。

4. 取出焖后的肉卷，洗锅，再放油，把焯过的嫩扁豆放进锅里轻轻煸炒，加盐和胡椒，盛出，摆放在肉卷的旁边。

● 外表不美观的苹果的使用方法

● 意外的绝配组合——"猪肉苹果卷"

盛宴"散寿司"

材料：米三杯，味淋两大勺，昆布一块，寿司醋（米醋五大勺，盐少许，白糖、赤酒各一大勺，如果没有赤酒就放两大勺糖）。其他材料可以选各种鱼类、贝类以及颜色丰富的蔬菜。

寿司料

锦丝蛋：鸡蛋两至三个，放入适量糖、盐，混合成蛋液，摊成鸡蛋薄饼，放凉，切细丝。

煮香菇：七个中等大小的干香菇，用水泡发待用。用发过香菇的水按1∶1∶1的比例加入高汤、赤酒（或味淋）、酱油来煮香菇。煮好后留下四个香菇作为装饰用，其他的切丝。

醋藕：把一节藕整个煮过以后削皮，切成薄片泡在糖醋汁（醋和糖适量）里备用。

● 料足又美味的款待——"五彩寿司"

煮瓜瓢：一条干瓜瓢用盐水发过以后再用清水泡软备用。用高汤、赤酒（或味淋）按1∶1的比例煮瓜瓢，煮好入味后，取出切丝。

五彩蔬菜：胡萝卜（三厘米长一段）切丝，用盐水煮一下。菜花、荷兰豆焯水后稍撒一点盐和糖备用。

鱼松：白身鱼一百五十克，焯水后取下鱼肉，清水洗一下用纱布裹住攥去水，用适量的糖和盐在平锅上煎炒熟。

白灼虾：虾两百克，带壳放入盐水中煮熟，取出放入糖醋汁浸泡，去头，保留最后一节到尾部的皮。

醋浸鱼：针鱼一百克，去骨，撒盐放置片刻，擦去水，泡在醋里十五分钟，剥掉皮。

每一样材料都可以根据自己的口味来调整，以上食材可以在前一天备好。

醋饭

1. 洗米，控水三十分钟至两小时（夏天短，冬天长），混合寿司醋，用醋水擦拭盛寿司的木盆。

2. 土锅中放入水（按米和水1∶1的比例准备），加入味淋和昆布煮沸。

3. 取出昆布，把米倒入锅中搅拌均匀，盖上盖子，大火加热到水量减退。

4. 转小火煮至水完全蒸发（约十五分钟）。关火，再焖五至十分钟（比一般煮饭时间短）。

5. 寿司木盒中放入焖好的饭，均匀撒上寿司醋，用木饭铲迅速搅拌，摊晾，用扇子扇使其快速变凉。

- 寿司醋可以存放，因此可以多做一些，夏天的便当饭中也可以用到。

成品

1.寿司饭半凉后,加入准备好的香菇、瓜瓢,搅拌均匀,盖上一块湿布。

2.上桌前码放锦丝蛋、醋藕、虾肉、鱼松以及用于装饰的整香菇等。

后　记

　　我想要告诉你们的是，女生是为了变得温柔和善良而出生的。

　　女生原本是很强大的，男生原本是很温柔的。

　　因此，男生的出生是为了变得强大。而女生本来就已经很强大了，因此来到这个世界上是为了变得温柔。温柔，不是撒娇和什么事都交给别人，而是为了对别人温柔，让自己的身心变得强大，能温暖地守护身边重要的人。

　　把眼睛看不见的很多的"顾念"化作每天的菜肴，

这是我对生命的热爱。

希望你的厨房是"愉快"和"丰富"的,经常有香喷喷的味道传出来,那才是家里最幸福的场所。

"希望通过做菜,起到帮助众生的作用。"

译者后记

在翻译这本书后半部分的时候正赶上新冠肺炎疫情，我在日本乡下的家中，民众每天都被告诫"自肃""宅在家里"，一时间仿佛全世界都进入了静止的状态。

97岁的桧山民先生（这本书原版是在5年前她92岁的时候出的，2022年她已年满97岁）在九州的博多开办料理教室，教授家常料理已逾60年，被众多的学生仰慕着，也被众多的料理人敬爱着。但她总是谦虚地说自己只是一个"喜欢厨房的馋猫"。

17岁开始师从著名的料理家、在日本被誉为"料理界先锋人物"的女流料理人江上富先生，桧山民先生一入师门就长达38年之久。25岁结婚，生下一对双胞胎儿子，31岁遭遇了丈夫的突然离世，重回娘家生活后，在兄长的辅助下，于兄长家的一室创立了自己的料理教室以自食其力。之后虽经历了多次搬迁，但都没有放弃自己的初衷，料理教室一做就是60年。

她在97年的人生中经历了多少艰苦和磨难是可以料想得到的，但是从她的嘴里说出来，却总是"不好的事情我一样都想不起来了，因为当时太忘我了"。

就像书里所写，她的学生们习惯管先生的料理教室叫"人生私塾"。有的学生已经跟随她50余年。她们说是被桧山民先生的人生态度所感染，能在近旁感受她的人生是自己的幸运，也是自己的人生财富。

学生们所说的"在她的近旁感受的她的人生"是什么呢：总是那么贴近自然、怀着感恩的心、大气开朗、喜欢动手、用五感健硕地活着……

有些人正是通过这样的感受让自己从痛苦的生活中解脱出来，有些人甚至改变了自己的活法，据说这样的人还不少呢。

学生们说桧山先生的料理和人生态度都充满了永不改变的"真"，她们把这个当作自己的心之归属，为自己的人生开启了另一扇门。

"料理本身就代表着温柔和牵挂，女生都应该通过料理学会做更好的女生。"这是桧山先生常跟学生和女性朋友们说的话。

她总是通过各种演讲分享她对于料理的心得：心怀对家人和友人的关爱，怀着支持他们的心，带着你的真心，站在厨房，拿起菜刀，把眼睛所看不见的关怀和挂念融入你的料理。

疫情防控期间在家里宅得久了，会重新思考"到底什么最重要"的问题。工作、收入、财产、亲情、友情……但是归根结底还有什么比健康更重要的呢？在健康面前一切都变得微不足道了。如果没有了健康，所有的理想和希望也就仅仅是心理活动而已了。

反观桧山先生的生活态度和作息：不勉强自己，始终保持最自然的状态，与太阳同作息，爱大地，爱花草。感受大自然的循环往复，心存感激，让自己每天都愉快地站在厨房忙碌着。

听着就特别舒服吧。

2022年，97岁的桧山先生离开了独自生活多年的博多市内，搬到乡下开始了跟儿子一起生活的日子，同时也开始了在《天然生活》杂志上的语录连载，每一篇小文都是由她口述，再由跟随了她多年的学生整理，最后刊登出来。小文的内容几乎都跟这本书上的内容重叠，读着它们就像是在又一次温习书里的内容。

即便是年富力强，不能脱离工作岗位的我们，如果一年中有那么一些日子能处在完全放松的状态中，好好地休息、好好地做饭吃饭、好好地让自己任性一下，可能再回到原来状态的时候，就会是一个能量翻倍的自己。

总之,让我们认真地活好每一天,好好地吃好每一顿。

就从今天开始吧。

英 珂
2022 年 12 月

希望通过做菜
起到帮助众生的作用

HIYAMA TAMI
INOCHI ITOSHIMU JINSEI KITCHEN

INOCHI ITOSHIMU JINSEI KITCHEN 92-sai no Geneki Ryorika Tami Sensei no Mitsuketa Kofuku-Jutsu by HIYAMA Tami

Copyright © 2017 HIYAMA Tami

All rights reserved.

Original Japanese edition published by Bungeishunju Ltd., Japan in 2017.

Chinese (in simplified character only)translation rights in PRC reserved by C5Art (Beijing) Co., Ltd., under the license granted by HIYAMA Tami,

Japan arranged with Bungeishunju Ltd., Japan through TUTTLE-MORI AGENCY, Inc., Japan.

Simplified Chinese edition copyright © 2023 by Chengdu Times Press Co., Ltd.

Photographs by SHIGENOBU Azusa

Editorial Assistance by TANAKA Aya

(Kitchen Paradise http://www.kitchenparadise.com)

Cooking Assistance by ANDO Yoko, IIO Sachiko, NAKAGAWA Mitsue, HIGUCHI Tomoko, HIRASE Chieko, YAMAGUCHI Yukiko, YAMANE Kumiko, YUGE Kaori.

Special Thanks to HIYAMA TAMI RYORI-JUKU, HIYAMA Naoki.

图书在版编目（CIP）数据

人生厨房：阿民奶奶的幸福术 /（日）桧山民著；英珂译. -- 成都：成都时代出版社，2023.4（2024.5重印）

ISBN 978-7-5464-3225-0

Ⅰ.①人… Ⅱ.①桧…②英… Ⅲ.①人生哲学—通俗读物 Ⅳ.①B821-49

中国国家版本馆CIP数据核字(2023)第006603号
著作权合同登记号：图字21-2022-45

人生厨房：阿民奶奶的幸福术
RENSHENG CHUFANG: AMIN NAINAI DE XINGFUSHU

［日］桧山民 / 著　　英珂 / 译

出 品 人	达　海
联合出品人	高大鹏　英　珂
特约策划	西五读品
特约编辑	葛维樱
责任编辑	江　黎
责任校对	李可欣
责任印制	黄　鑫　曾译乐
封面设计	Yuna Akabane
装帧设计	成都九天众和

出版发行	成都时代出版社
电　　话	（028）86742352（编辑部）
	（028）86615250（发行部）
印　　刷	成都博瑞印务有限公司
规　　格	128mm×185mm
印　　张	7.125
字　　数	106千
版　　次	2023年4月第1版
印　　次	2024年5月第2次印刷
书　　号	ISBN 978-7-5464-3225-0
定　　价	49.00元

著作权所有·违者必究
本书若出现印装质量问题，请与工厂联系。电话：（028-85919288）